Bank- und finanzwirtschaftliche Abhandlungen

Herausgegeben von Prof. Dr. W. Prion, Berlin

Sechstes Heft

Die Maschinenarbeit in deutschen Bankbetrieben

Eine Übersicht über den heutigen Stand

von

Dr. J. Meuthen

Diplom-Kaufmann

Mit 21 Textabbildungen

Springer-Verlag Berlin Heidelberg GmbH
1926

ISBN 978-3-642-89122-9   ISBN 978-3-642-90978-8 (eBook)
DOI 10.1007/978-3-642-90978-8

Vorwort.

Die vorliegende Arbeit soll das Ergebnis der Mechanisierungs-
bestrebungen im Bankbetrieb zeigen seit der Zeit, wo Dr. Diedrichs
(vgl. Heft 1 dieser Abhandlungen) als erster in Deutschland mit einer
geschlossenen Abhandlung über die Möglichkeit der Maschinenverwendung im deutschen Bankbetrieb vor die Öffentlichkeit trat. Die
damals von der Praxis mit starker Skepsis zur Kenntnis genommenen
Gedankengänge sind zur Zeit des Abschlusses der Schrift (Herbst 1925)
sozusagen völlig verwirklicht.

Es kann nicht Zweck der Arbeit sein, ein so umfangreiches Gebiet
restlos erschöpfend darzustellen. Die Untersuchung fußt vorzüglich
auf der Kenntnis rheinischer Betriebe und wurde durch Literatur
über das übrige Deutschland ergänzt. Die vorhandene Literatur selbst
begnügte sich bis heute mit Einzeldarstellungen oder mit kurzen Ein-
führungen, wie Hesselmanns Schrift. Das neue Werk von Obst,
„Bankbuchhaltung“, Berlin 1925, behandelt die Mechanisierung gleichfalls nur knapp, läßt vor allem die Frage nach der Systematik der
Innenorganisation offen.

So hoffe ich, daß diese Schrift einem Bedürfnis entspricht und
Wissenschaft und Praxis in bescheidenem Umfange fördert.

Wesentliche Anteilnahme erfuhr die Arbeit durch Herrn Prof.
Dr. Prion in Köln, der mir in seinem Seminar für Bankwirtschaft
und auch unmittelbar wertvollste Hinweise und Unterstützung zuteil
werden ließ. Es ist mir angenehme Pflicht und ehrliches Bedürfnis,
meinem hochverehrten Lehrer auch an dieser Stelle für die Förde-
rung meiner Arbeiten meinen aufrichtigsten Dank aussprechen zu
dürfen.

Zu Dank verpflichtet bin ich auch den Herren der Praxis, die mir
ihre Erfahrungen zur Verfügung stellten.

Barmen, im September 1926.

J. Meuthen.

Inhaltsverzeichnis.

I. Einleitung.

II. Die Arten und Verwendungsmöglichkeiten der Verrechnungsmaschinen.

III. Organisationsprinzipien für den Gesamtbetrieb auf Grundlage der Maschinenverwendung.

Inhaltsverzeichnis. V

I. Einleitung.

A. Der Begriff der Maschinenarbeit.

Die geschichtliche Entwicklung des Wirtschaftswesens zeigte die
auf die Dauer gewaltige Überlegenheit des durch Anwendung maschineller Hilfsmittel vorgenommenen Arbeitsprozesses über die manuelle
Arbeitsverrichtung, in deren Mittelpunkt der Mensch als einziger Be-
triebsfaktor stand. In Bürobetrieben äußert sich die Verkürzung des
Arbeitsweges durch Einführung der Maschinenkraft als die den Menschen ergänzende Arbeitskomponente zunächst in der Vereinfachung
der Hilfsabteilungen, wie der Registratur, Materialverwaltungs- und
Briefverteilungsstelle. Hier ersparen Expeditionsmaschinen zum Ko-
pieren, Falzen, Kuvertieren, Adressieren und Frankieren, Schnell-
druckpressen, Rohrpostanlagen, Transportbänder u. a. m. eine nicht
unerhebliche Zahl von Hilfskräften. Für den Verrechnungsverkehr
eines Betriebes sind diese Hilfsmittel jedoch kaum von Bedeutung.
Buchungstechnische Maschinenarbeit bleibt den Verrechnungsmaschinen [1]) vorbehalten. Unter Maschinenarbeit im Bürobetrieb ist also
die Vornahme des internen Verrechnungsverkehrs eines Betriebes
unter Anwendung von Verrechnungsmaschinen zwecks Erzielung des
den geringsten Aufwand verursachenden Arbeitsweges zu verstehen.

Die deutschen Bürobetriebe bedienen sich dieser von ausländischen Instituten bereits seit längeren Jahren benutzten Arbeitsmethoden grundsätzlich erst seit Beendigung der Inflation, wo es
galt, den gefestigten wirtschaftlichen Verhältnissen Rechnung tragend,

---

[1]) Zur Prägung dieses Begriffes sah ich mich genötigt, da mir die bisher
gebräuchlichen Bezeichnungen dem Umfange des Wirkungskreises der maschinellen Buchungshilfsmittel nicht zu entsprechen schienen. Deren bisherige Bezeichnung mit „Buchungsmaschinen" könnte nur auf die Verwendung für die
Primanota schließen lassen, da der Bankbeamte unter „buchen" die Festhaltung
im Memorial, die Anfertigung der Kontokorrente dagegen mit „übertragen" bezeichnet; eine andere Bezeichnung „Buchhaltungsmaschinen" ließe einen Fehl-
schluß zu, da im allgemeinen unter Buchhaltung die Kontokorrent- und die
Bilanzabteilung verstanden wird. In Anlehnung an Leitner bezeichne ich die
Stellen für die gesamte buchhalterische Erfassung von der Primanota und
Buchungsanzeige bis zur Festhaltung in der Bilanz als Verrechnungsabteilungen
und die hier zur Anwendung gelangenden Maschinen mit „Verrechnungsmaschinen".

wieder zu einer rationellen Betriebsform zu greifen, nachdem die Inflationszeit die Unzulänglichkeit der bisherigen Arbeitsmethoden gezeigt hatte. Die Hauptschwierigkeiten, die bis dahin der Einführung der maschinellen Buchungshilfsmittel entgegenstanden, die hohen Anschaffungskosten der Maschinen und die Abneigung der Betriebsleitungen und der Beamtenschaft gegen mechanische Arbeitsweisen, waren zum Teil schon überwunden: die notwendigen Gelder hatte man im letzten Stadium der Inflation in Währung zurückgestellt, und die traditionelle Bindung an den Handbetrieb mit persönlicher statt maschineller Arbeitsleistung fiel unter dem Druck der wirtschaftlichen Notlage der Betriebe und der Überzeugungskraft der Überlegenheit mechanischer Buchungsmethoden, deren Erfolge bei den wenigen im letzten Stadium der Inflation bereits maschinell durchorganisierten Betrieben jeden Zweifel an der Zweckmäßigkeit einer Umstellung behoben hatten.[1]) Wenn auch heute die Umstellung noch nicht überall restlos durchgeführt ist, so lassen die Maßnahmen der Betriebsorganisatoren doch keinen Zweifel mehr über die weitere Entwicklungslinie. Die Neuordnung selbst wurde bedingt zunächst durch den technischen Stand der vorhandenen Maschinensysteme, sodann durch die Art deren Einordnung in den Gesamtbetrieb.

Die zunächst folgenden Ausführungen sollen die manuelle Betriebsform kurz darstellen und Anhaltspunkte liefern, mit welchen Ansprüchen man an eine Neuordnung heranzutreten hat.

B. Der Begriff der Bankarbeit.

Erste Voraussetzung für maschinelle Buchungsmethoden ist das Vorhandensein von Massenarbeiten. Die Bankbetriebe als Träger des Handels mit Geld bzw. Kredit, vor allem aber als Mittler im nationalen und internationalen Zahlungsausgleich entsprechen dieser Anforderung im hohen Maße.

1. Die Arten der Bankarbeit.

Die Aufgabe des Bankorganisators ist es zunächst, den Betrieb entsprechend den von diesem gepflegten Geschäftszweigen in Geschäftsabteilungen aufzuteilen, denen jeweils ein bestimmtes Arbeitsgebiet zugewiesen wird. Die von diesen getätigten Abschlüsse werden dann in die Abteilungen der inneren Verrechnung weitergeleitet und dort buchhalterisch verarbeitet. Von besonderem Werte für die Umstellung eines Betriebes auf Maschinen ist nun die zeitliche Aneinanderreihung der in den Verrechnungsabteilungen vorzunehmenden Teilarbeiten. Hier lassen sich drei Hauptstadien feststellen:

---

[1]) Vgl. Diederichs: a. a. O. S. 18.

1. die laufende Arbeit; sie zerfällt in die vorbereitende und die verbuchende Tätigkeit und umfaßt lediglich die Bearbeitung des Einzelgeschäftes von der schriftlichen oder mündlichen Verhandlung mit dem Kunden bis zur Festhaltung im Kontokorrent;

2. die kontrollierende Arbeit; sie zerfällt in die Kontrolle der umsatz- und kontenmäßigen Richtigkeit innerhalb des Betriebes und schaltet sich hinter jeden Arbeitsgang ein. Sie hat außerdem die Innehaltung der Verträge und Abmachungen zwischen den Kontrahenten zu überwachen. Je nach dem zeitlichen Eingreifen in den Buchungsgang sind die Präventiv- von den Detektivkontrollen zu unterscheiden;

3. die bilanzierende Arbeit; hierher gehört der Abschluß eines jeden einzelnen lebenden und toten Kontos und deren Vereinigung im Bilanzkonto, fernerhin alle Tätigkeiten, die der Vorbereitung der Bilanz dienen, wie Zwischenabschlüsse und vorläufige Gesamtgewinnschätzungen auf Grundlage der monatlichen Bilanzzahlen und Vorkalkulationen nach dem Bankstatus.

Jeder einzelne Geschäftsvorgang reicht in diese drei Hauptarbeitsgänge hinein. Seine Bearbeitung im besonderen ist damit noch nicht gekennzeichnet. Außer von der Eigenart des Vorfalles ist sie von der Betriebsorganisation abhängig.

2. Das bisherige manuelle Verfahren.

Die Zerlegung des Buchungsvorganges vollzog sich bei dem früheren manuellen Verfahren in folgender Weise:

1. Laufende Arbeit:

a) Erfassung des Geschäftsvorfalles durch Kontierung und Einordnung in die für die einzelnen Grundbücher dienenden Beleggruppen und Anfertigung der Anzeigen an die Kunden;

b) Eintragung der Belege in die entsprechenden Primanoten (feste Bücher, in Großbetrieben im allgemeinen lose Blätter), Addition der Primanoten;

c) Übertragen der Kontokorrentposten aus den Primanoten zunächst in das Saldenbuch (das im allgemeinen in Form des Staffelkontokorrents geführt wurde), sodann mit erweiterter Textbezeichnung in das Hauptkontokorrent und späterhin in die Kontoauszüge; Addition und Saldierung der Kontokorrente;

d) Übertragen und Addieren der Sachkonten;

e) Journalisieren der Primanoten (Sammeljournal).

2. Kontrollierende Arbeit:

a) Vergleich der Anzeigen an die Kunden mit den Originalbelegen und den Eintragungen in die Primanoten;

b) Prüfung der Anzeigenkopien mit den Kontokorrentübertragungen;

c) umsatz- und saldenmäßige Kontrolle der Übertragungen ins Kontokorrent und der toten Konten über die Primanoten bzw. das Sammeljournal; Abstimmung zwischen Saldenbuch, Hauptkontokorrent und Auszug;

d) Prüfung der Auszüge der Nostrokonten;

e) periodische Bestandsaufnahmen sämtlicher Bestandskonten und Prüfung der Bestände nach dem Sammeljournal bzw. Hauptbuch.

3. Bilanzierende Arbeit:

a) Abschluß aller Konten zum Jahres- bzw. Periodenultimo, Feststellung der Gewinne und deren Übertragung auf das Gewinn- und Verlustkonto; zu diesem Zwecke auch Aufstellung der Kontokorrentstaffeln und Depotauszüge;

b) monatliche Abschlüsse der toten Konten und Gewinnerrechnungen zur Kontrolle der Wirtschaftlichkeit des Betriebes;

c) Gewinnschätzungen auf Grundlage des Vermögensstatus der Bank.

Vergleicht man nun die Zahl der notwendigen Geschäftsabteilungen mit den durch dieses Verfahren benötigten Betriebsgruppen und bedenkt, daß z. B. ein Effektenauftrag den Weg vom Schalter oder Händlerbüro über Rechnereistelle, Korrespondenz, Primanota, Kontokorrent und Sachkonto mit jeweilig hintergeschalteten Kontroll- bzw. Revisionsstellen zur Registratur macht, so ergibt sich hieraus:

1. Entstehung eines zu großen Aufwandskoeffizienten durch Heranziehung einer hohen Beamtenzahl, wodurch bei steigenden Umsatzzahlen ein überproportionales Anwachsen der persönlichen Unkosten die Folge war; Näheres hierüber bei Obst[1]).

2. Schwerfälliges Arbeiten des Betriebes; daraus folgt:

a) erhöhte Gefahr der Fehlerbildung infolge oftmaliger Ein- und Übertragungen desselben Postens aus unhandlichen Tabellenjournalen in die im allgemeinen ebenso unbequemen Kontokorrente, Skontren und Sammeljournale;

b) Langsamkeit in der Erledigung der Einzelstadien der Geschäftsvorfälle, gegenseitige Behinderung der einzelnen Abteilungen und die Entstehung eines zu langen Schwebezustandes bis zur endgültigen Klärung etwaiger Differenzen, deren letztmalige Nachprüfung durch die Revisionsstellen im günstigsten Falle 4 Tage nach der Grundbuchung möglich ist, infolgedessen

c) geringe Anpassungsfähigkeit an Konjunkturen. Diese Tatsache führte in der Inflationszeit, vor allem im Jahre 1923, dazu, daß sogar die laufende Arbeit hinter dem laufenden Geschäft, stellenweise erheblich, zurückblieb.

---

[1]) A. a. O. S. 175.

Arbeitspsychologisch gesehen führte das manuelle Verfahren außerdem zu einer groben Vermischung von disponierender und mechanischer Arbeit, die beide von gelernten Beamten unter fast völliger Außerachtlassung ihrer höheren Befähigung ausgeführt werden mußten. Mechanisch waren alle jene hier nicht mehr näher darzustellenden Schreib- und Rechenarbeiten, die ohne Berufsausbildung von angelernten Hilfskräften hätten ausgeführt werden können.

Diese betriebstechnischen und arbeitspsychologischen Mängel drängten zur Anwendung günstigerer Arbeitsmethoden.

3. Die Notwendigkeit der Anwendung maschineller Hilfsmittel.

Das Ziel mußte die Schaffung einer Betriebsform sein, die reibungslos jede hereinbrechende Arbeitswelle aufnehmen konnte, einen günstigen Aufwandskoeffizienten schuf und zwangläufige Kontrollen herbeiführte, die eine unbedingte Sicherheit und schnellste Nachprüfung des Buchungsvorganges gewährleisteten. Weiterhin mußte wieder eine restlose Scheidung der disponierenden Tätigkeit von den rein manuellen Hilfsarbeiten eintreten bis zu deren vollständigen Mechanisierung oder auch Einsparung. Den Weg hierzu wiesen die im Auslande bereits erfolgreich angewandten Verrechnungsmaschinen in ihren verschiedenen Systemen.

II. Die Arten und Verwendungsmöglichkeiten der Verrechnungsmaschinen.

Eine Betriebsumstellung auf maschinelle Buchungsmethoden erfordert zunächst eine genaue Kenntnis der Büromaschinen und Überlegungen, für welche Spezialarbeiten sich die einzelnen Systeme am ehesten eignen. Maschinen, die den an sie zu stellenden Anforderungen einer zweckentsprechenden Ablösung der manuellen Betriebsform entsprechen sollen, müssen folgende Eigenschaften aufweisen:

1. Gewährleistung unbedingter Identität von Grundbuchung und Übertragung;

2. Verhütung von Rechenfehlern und Überflüssigwerden von mechanisch wirkenden Abstimmungskontrollen, die lediglich der Auffindung von Rechenfehlern dienen. Verlegung der Detektivkontrollen auf den Anfang der Buchung, also Übergang zu Präventivkontrollen;

3. automatisch arbeitende Sicherungen gegen die Verwechslungen von Soll und Haben;

4. Möglichkeit der Zusammenfassung mehrerer bisher getrennter Arbeitsgänge durch Herausschälen gleichartiger Vorgänge, die in auf Massenbetrieb eingestellten Sonderabteilungen erledigt werden

können, somit Trennung der vorbereitenden Tätigkeit der Kontierung von der mechanischen der Verbuchung;

5. zur Erleichterung der Konzentration auf die wesentlichen Bestandteile der Buchung Entlastung des die mechanische Verbuchung vornehmenden Beamten von jeder weiteren mechanischen Arbeit, wie Aufaddieren langer Zahlenreihen usw.;

6. die Möglichkeit zur Leistungssteigerung in einem solchen Umfange, daß die Anschaffungskosten der Maschinen die Rentabilität des Betriebes zum mindesten nicht ungünstig beeinflussen.

Den oben dargelegten Anforderungen entsprechen die bis heute auf dem Markte vorhandenen Verrechnungsmaschinen im allgemeinen. Ihr technischer Aufbau erscheint auf den ersten Blick kompliziert, wird bei längerem Arbeiten jedoch so selbstverständlich, daß auf ihnen die gleiche Sicherheit erzielt wird wie auf der gewöhnlichen Schreibmaschine. Die Maschinen haben im allgemeinen mehrere Rechenvorrichtungen, die ihre Ergebnisse durch Schreibwerke zu Papier bringen. Die Betätigung der Rechenwerke erfolgt bei einigen Systemen durch eine einfache Zahlentastatur mit den Ziffern 0—9 oder durch eine Kontrolltastatur, die für jede Ziffer und Stelle des Zählwerks auf einem besonderen Kontrollbrett eine Zifferntaste aufweist und so eine Nachkontrolle der in das Tastenbrett eingedrückten Zahlen vor deren endgültigen Aufnahme in das Zählwerk gestattet. Bei einigen Systemen sind mit diesen schreibenden Rechenvorrichtungen Schreibmaschinenapparaturen verbunden, wodurch Festhaltung des vollständigen Textes möglich wird. Wertvoll für die Schonung der Arbeitskraft ist die Ausrüstung sämtlicher Maschinensysteme mit Springwagen, wodurch die manuelle Fortbewegung des Schreibwagens in eine automatische verwandelt wird. Die so ermöglichte Tabellierung erfolgt entweder durch Greiferstangen auf der Rückseite des Wagenunterbaues, ähnlich wie bei der gewöhnlichen Schreibmaschine, oder durch Reiter auf einer besonderen vor dem Wagen angebrachten graduierten Laufschiene. Durch diese Vorrichtung, die sich auf jedes Formular einstellen läßt, wird neben dem genannten psychotechnischen Vorteil die vollständige Ausnutzung der Zählwerke für die Zwecke der Buchhaltung gewährleistet. Im Gegensatz zu diesen Maschinenarten, bei denen die menschliche Denkkraft unentbehrlich bleibt, arbeiten zwei Systeme fast völlig mechanisch und lösen bis auf die vorbereitende Tätigkeit die persönlich ausführende Arbeitsleistung durch eine überwachende ab. Ein systematisches Bild der bis heute auf dem Markte vorhandenen Verrechnungsmaschinen bietet folgende Aufstellung:

A. Arbeitersparende Verrechnungsmaschinen ohne Ausschluß der persönlichen Arbeitsleistung:

1. Maschinen mit Kontrolltastatur und beschränkter Schreibtypenzahl:
   a) die Großaddiermaschinen,
   b) die Registrierkassen.
2. Rechnende Schreibmaschinen mit einfacher Tastatur:
   a) mit Schreibwalze,
   b) mit Schreibplatte.
3. Kombinierte Schreib- und Rechenmaschinen:
   a) Additions- und Subtraktionsmaschinen
      α) mit einfacher,
      β) mit Kontrolltastatur,
   b) Vierspeziesmaschinen.
B. Mechanisch arbeitende Buchungsmaschinen.

Die folgende Darstellung der Maschinensysteme berücksichtigt ihre technische Konstruktion im Rahmen des für den Organisator Notwendigen, sie zeigt den maschinentechnischen Vorgang der auf ihnen zu erledigenden Buchungsvorfälle und die sich aus der Maschine heraus ergebenden Kontrollen gegen Fehlerbildungen.

A. Maschinen
ohne Ausschluß der persönlichen Arbeitsleistung.

1. Verrechnungsmaschinen mit Kontrolltastatur und beschränkter Schreibtypenzahl.

Sie kommen in zwei Hauptausführungen auf den Markt: in Form der Großaddiermaschinen und der Registrierkassen. Ihr Vorzug ist in raschem Arbeiten und einfacher Bedienung des Innenmechanismus, ihr Nachteil im Fehlen einer vollständigen Schreibvorrichtung zu erblicken. Die Möglichkeit, abgekürzte Texte mit einzelnen Tasten schreiben zu können, vermag diesen Mangel nicht zu beseitigen. Konstruktion und Verwendungsgebiet sind naturgemäß voneinander verschieden.

a) Die Großaddiermaschinen (s. Abb. 1—3).

Neben dem meistverbreiteten System dieser im allgemeinen elektrisch angetriebenen Maschinenart, der amerikanischen Burrough-Maschine, sind an deutschen Fabrikaten die Continental- und die Goerz-Maschine zu nennen, die wohl binnen kurzem alle Vorteile der ausländischen Fabrikate aufweisen werden. Die Maschinen sind mit ein bis zwei Zählwerken ausgerüstet, die bei den amerikanischen Modellen eine 17stellige, bei den deutschen im allgemeinen 15-stellige Rechenfähigkeit aufweisen. Durch Ausschalten von Hebeln, die die Zählwerkstellen untereinander verbinden, läßt sich diese bei stabilen Währungsverhältnissen zu gewöhnlichen Buchungszwecken kaum benötigte Kapazität zur Herstellung von Unterzählwerken ausnutzen, so daß die Rechenwerke in mehreren Kolonnen arbeiten können. Diese Teilung des Rechenmechanismus erfolgt so, daß die zwischen den gewünschten Teilen liegenden Nullen nicht geschrieben werden (z. B. 12ØØØ12). Erzielt wird hierdurch die Ausschaltung der Addition von Zahlenkolonnen, deren Schreibvorrichtungen dann der Festhaltung des Buchungsdatums, der Wertstellung, der Kontonummer u. ä. dienen. Durch den elektrisch regulierten, im allgemeinen mit automatischem Zeilentransport und Wagenrücklauf versehenen Springwagen, der in die Ausgangsstellung zurückkehrt, sobald die letzte

Abb. 1. „Goerz‘‘-Großaddiermaschine.

Formularspalte beschrieben ist, wird die oben dargestellte Teilung der Rechenwerke und die erweiterte Verwendungsmöglichkeit der Maschine wesentlich gefördert. Auf der Kontrolltastatur falsch eingedrückte Zahlen können durch besondere Eliminationstasten ausgelöscht werden. Die Aufnahme der Nullen erfolgt selbsttätig, die Niederschrift auf Buchungsstreifen oder -karten automatisch durch Auslösen einer ·einen elektrischen Stromkreis schließenden Schalttaste auf der rechten Seite der Kontrolltastatur.

Zu den besonderen Zwecken hat z. B. die Burrough-Duplex-Maschine folgende, bei den anderen Systemen im allgemeinen auch vorhandene Hilfstasten:

1. die Nichtaddiertaste; sie dient zur Ausschaltung der Rechenwerke. Wird sie betätigt, so erfolgt nach Anschlag der Schalttaste

nur die Niederschrift der Zahlen. Diese Taste dient zur Fixierung von gelegentlich vorkommenden Nummernbezeichnungen, z. B. der Schecknummern, für die sich die Einstellung der oben beschriebenen Teilungsvorrichtung nicht lohnt;

2. die Duplextaste; Endresultate aus dem Zählwerke I können mit ihr in das Zählwerk II übertragen und dort zu einem Gesamtresultat aufgespeichert werden;

3. die sogenannte Unteradditionstaste (besser Zwischenadditionstaste); durch sie können bei gleichzeitigem Niederdruck der Schalt-

Abb. 2. Burroughs Großaddiermaschine.

taste Zwischenadditionen aus dem Zählwerk I oder Zählwerk II je nach Stellung des Duplexhebels (siehe Nr. 4) niedergeschrieben werden, ohne daß die Zählwerke auf den Stand von 0 zurückkehren;

4. die Summentaste (Additionstaste), die das Niederschreiben der Additionen unter gleichzeitiger Entleerung des Zählwerks bewirkt;

5. der Duplexhebel, besser Zählwerkshebel genannt; er reguliert die Betätigung des Zählwerks I oder II;

6. je eine Zählwerkskontroll- und Wagennormaltaste; sie regulieren das automatische Umschalten der Zählwerke oder des Wagens.

Bei ihrer Feststellung werden sämtliche Posten nur in einem Zählwerk bzw. in einer Kolonne verarbeitet;

7. die Wiederholungstaste; durch sie können sämtliche nieder-
gedrückte Ziffern in dieser Stellung erhalten bleiben. Die Eliminationstasten dienen in diesem Falle dazu, einzelne Zahlen zu
ändern, was für das Schreiben fortlaufender Nummern wertvoll ist;

8. einzelne Tasten, die Textabkürzungen schreiben, wie EZ. für
Einzahlungen, Sch. für Scheckabhebungen usw. In Verbindung mit
der Nichtaddiertaste können zu diesen Abkürzungen die entsprechen-

Abb. 3. Tastenbrett (Kontrolltastatur) einer Großaddiermaschine.

den auf den Buchungsbelegen wiederkehrenden Buchungsnummern
hinzugesetzt werden.

Neben dem Mangel einer vollständigen Schreibvorrichtung können
diese Maschinen entweder nur in vertikaler oder nur in horizontaler
Richtung addieren und subtrahieren, kleinere Multiplikationen werden
durch mehrfache Addition ohne Niederschrift der Einzelposten vorgenommen. Ihre Verwendbarkeit für die Verkehrsabteilungen der
Bank ist daher stark eingeschränkt, so daß diesen Maschinensystemen
die Erledigung folgender Teilarbeiten zufällt[1]):

a) Aufstellung und Nachprüfung langer Zahlenreihen, wie bei der
Aufstellung von Primanoten auf Grundlage des Durchschreibesystems

---

[1]) Demnächst soll allerdings ein neues, in der Praxis bisher unbekanntes
Burrough-Fabrikat auf den Markt kommen, das bis zu 9 Zählwerken aufweist,
somit natürlich weit größere Verwendungsmöglichkeiten hat.

(vgl. S. 50), bei der Kontokorrentabstimmung, bei Bestandsaufnahmen jeglicher Art, bei Aufstellung von täglichen Kontenbilanzen usw.

b) Übertragung des Kontokorrents (s. Formular 2).

Zu diesem Zwecke ist ein besonderes Burrough-Fabrikat mit einem Additions- und Subtraktionskörper auf dem Markte. Es wird zunächst das Datum, Buchungszeichen, die Buchungsnummer, die Wertstellung und der alte Saldo in die Maschine eingestellt und hingeschrieben. Die Einstellung der Zählwerke auf Soll- und Habenposten erfolgt automatisch durch einen besonderen Additions-Subtraktionshebel, die niedergeschriebenen Zahlen tragen entsprechende Bezeichnungen (s. Formular 1). Die Verbuchung der Umsatzzahlen erfolgt automatisch, je nach der Tasten- und Hebeleinstellung. Wird nun nach der Buchung auf dem betreffenden Konto der neue Saldo gewünscht, so kann er nach Auslösung der Schalttaste ohne weiteres niedergeschrieben werden, wenn innerhalb der Zählwerkskapazität die Hauptbuchseite nicht gewechselt wurde. Ist dies geschehen, d. h. wurde der Zählwerksnullpunkt überschritten, so sperrt sich die Auslösetaste dem normalen Anschlag. Es wird dann die Umschaltung des obengenannten Soll-Habenhebels notwendig, wodurch die Schreibvorrichtung wieder ausgelöst und das Resultat mit einem entsprechenden Zeichen versehen niedergeschrieben wird. Der elektrisch angetriebene Springwagen ist zu diesem Zwecke entsprechend den Kolonnen des Formulars einzustellen.

c) Die Anfertigung der Kontokorrentzinsstaffel.

Neben einem Spezialfabrikat der Burrough-Werke, das sich von dem vorigen Modell nur durch die Konstruktion des Wagenrücklaufs unterscheidet, kann auch die Kontokorrentmaschine zu dieser Arbeit benutzt werden. Von ausschlaggebender Bedeutung sind hierbei die Zählwerkskontroll- und Wagennormaltasten (s. S. 9 Nr. 6). Ist die Zählwerksnormaltaste ausgelöst und der Wagen festgestellt, so schaltet die Maschine regelmäßig nach jedem Anschlag der elektrischen Auslösetaste von der Soll- auf die Habenspalte um, so daß die getippten Beträge entweder addiert oder subtrahiert werden. Niederdrücken und Feststellen der Zählwerkstaste verhindert diese Umschaltung und gestattet fortlaufendes Addieren und Subtrahieren entsprechend der Einstellung des Duplexhebels. Die Bedienung des Springwagens erfolgt entsprechend durch die Wagennormaltaste. Der Arbeitsgang entspricht dem der Kontokorrentübertragung. Der Saldovortrag wird hingeschrieben, im Zählwerk registriert und der Staffelbogen im Wagen um Zeilenbreite weitergedreht, so daß bei Fehlen des Umsatzes am ersten Buchungstage der Saldovortrag auch als Saldo für diesen Tag benutzt und nach Einstellen des neuen Datums unter Benutzung der Zwischenadditionstaste geschrieben werden

Formular 1.

Abstimmungsliste[1]).

Konto Nr.	Zinsen		Saldo	
	Debet	Kredit	Debet	
4179	273,20	*	4 987,20	*
4180		19,20		489,30
4181		126,40		2 998,40
4182	475,70		23 465,40	
	748,90 U	145,60 U	28 452,60 U	3 487,70 U
	. . . . . .	. . . . . .	. . . .	. . . .
	3 127,90	645,20 *	87 920,70	40 487,40 *

Formular 2.

Kontokorrent für Großaddiermaschine.

| 1 | 2 | | 1 | 2 | 3 | | 5 | 6 | 7 | 8 | 9 | 10 | 1—25 | | 51—75 | 76—100 |

Konditionen   ....Karten-Nr. ....

..................Kontoinhaber................Konto - Nr. ....

...... Adolf Jansen, Boppard a. Rh. ......Laufd. Nr. ....

	Saldo-Vortrag	Dat. Bez. Nr.	Soll	Val.	Haben	val.	Neuer Saldo	Kontrolle
					Uebertrag			
		a			b			

Formular 3.

Journalgrundzettel.

Konto Korr. Kto. Mark	
Journalgrundzettel	
Datum 192 Prima-Nota	
Abteilung	
Debet	Kredit

---

[1]) Zu bemerken ist, daß zu jedem Formularsatz die entsprechenden Kopien für Buchhaltung und Registratur hinzuzudenken sind. Diese entsprechen den Anzeigen an die Kontrahenten.

kann. Sind Umsatzposten zu verbuchen, so wird durch Betätigung der Wagenrücklauftasten die entsprechende Formularspalte vor die Schreibvorrichtung gebracht, die Posten in das Tastenbrett eingesetzt, von dem Zählwerk verarbeitet, der Posten selbst und der neue Saldo werden niedergeschrieben. Die Staffel wird in dieser Weise bis zum letzten Tage vor dem Ultimo fertiggestellt und der letzte Saldo mit der Zwischenadditionstaste geschrieben. Man läßt einige Zeilen frei und trägt dann die Umsätze des Monatsletzten ein und läßt den vorläufigen Schlußsaldo niederschreiben. Nun addiert man auf einer zweiten Maschine die Debet- und Kreditsalden bis zum Tage vor dem Ultimo besonders auf, streicht außer den Pfennigspalten die beiden letzten Markstellen ab und erhält damit den ersten Teil der Zinsformel Kapital × Tage, also die Zinszahlen. Die Errechnung der Zinsen erfolgt auf einer Handrechenmaschine durch Division der Zahlen durch den entsprechenden Zinsdivisor (vgl. Formular 4).

Formular 4.

Kontokorrentstaffel auf der Burrough-Staffelmaschine.

Konto:	Adolf Janssen, Boppard		Kto. Nr. II 110	
Val.	Umsätze		Saldo	
	Soll	Haben	Soll	Haben

b) Die Registrierkassen (s. Abb. 4—5).

Die zu Bankbuchungszwecken geeigneten Systeme dieser Art werden hauptsächlich von der National-Registrierkassen G. m. b. H. Berlin und den Ankerwerken Bielefeld, geliefert. Wie die Großaddiermaschinen haben sie Kontrolltastatur oder wie eine solche wirkende Schiebereinstellung. Die Ankermaschinen können bis zu 36, die Nationalregistrierkassen bis zu 27 Zählwerke haben, geben somit vor allem eine Grundbuchungs-Kontierungsmöglichkeit in großem Umfange. Bei den neuesten Systemen kann jeder Betrag gleichzeitig in 3 Addierwerke aufgenommen werden. National-Maschinen mit 27 Zählwerken weisen außerdem noch 3 Gruppenaddierwerke auf, die die Einzelbeträge mechanisch aufnehmen, so daß diese je in einem Einzel- und in einem Gruppenaddierwerk auftreten. Eines der Einzelzählwerke kann zu einem Summierungswerke eingerichtet werden und dient dann zum mechanischen Aufrechnen mehrerer Einzelposten, die

über das gleiche Konto verbucht werden. Die Numerierung der Einzelposten in den Zählwerken erfolgt durch 27 Postenzähler, die völlig
automatisch arbeiten. Durch große Tafelanzeiger ist eine Kontrolle des
zuletzt gebuchten Vorganges möglich. Zum Registrieren und Drucken
von Zahlen außerhalb des Rechenmechanismus, wie Valuten, von
Buchstaben- und Textabkürzungen dienen 100 in 10 Reihen an-
geordnete Tasten rechts neben der Zählwerkstastatur. Die Druckvorrichtung leistet bei einmaliger Betätigung der Maschine gleichzeitige 3—5 fache Beschriftung, wovon eine auf einen in der Maschine
verbleibenden Buchungsstreifen, der als Sammelprimanota verwandt

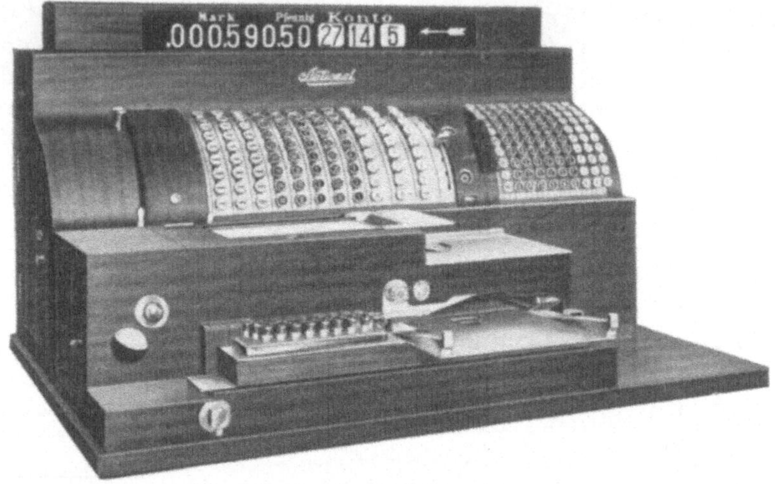

Abb. 4. National-Registrierkasse System 2000.

werden kann, die andern auf einzulegende Buchungszettel, auf An-
zeigen an die Kunden oder Kontokarten erfolgen (vgl. Formular 5—7).
Die genaue Linien- und Spalteneinstellung wird bei den neuesten
Maschinen dieser Art durch einen beweglichen Drucktisch gewähr-
leistet. Die Abgabe von Rechnungsunterlagen kann auch in einfacher
oder doppelter (mit Perforierung versehener) Ausfertigung ohne
Unterlegen von losen Zetteln durch die Maschine erfolgen. Für die
Buchung wird nun zunächst das Tagesdatum einmalig für sämtliche
Buchungen eingestellt, Markbetrag, Kontogattung und -nummer,
Valuta, Zeichen des Beamten, sodann für jede Buchung im einzelnen,
während sich die laufende Buchungsnummer, wie dargestellt, selbsttätig einschaltet. Es erfolgt dann die Aufnahme des Postens in das
der Kontengruppe, etwa einer Kontokorrentgruppe, entsprechende
Einzelzählwerk, in ein einem Sammelkonto entsprechendes Gruppenaddierwerk und, wenn notwendig, in das Summierungswerk für

Zwischenadditionen auf den Einzelkonten. Zum Tagesabschluß schreiben einzelne Systeme die Endsumme sämtlicher in Anspruch genommener Addierwerke, während jedoch bei der Mehrzahl der bisher konstruierten Maschinen die Endzahlen noch handschriftlich aus einem den Stand der Zählwerke angebenden Schlitz übertragen werden, worin eine mit jeder handschriftlichen Übertragung notwendig verbundene Fehlerquelle zu erblicken ist. Zur Unterscheidung von Soll und Haben bzw. Ein- und Auszahlung dienen den Beträgen vorgesetzte Zeichen.

Die Mängel dieser Systeme sind zusammengefaßt folgende:

1. Fehlen einer vollständigen Schreibvorrichtung, was die großen Möglichkeiten der vielen Zählwerke nicht restlos zur Auswirkung kommen läßt;

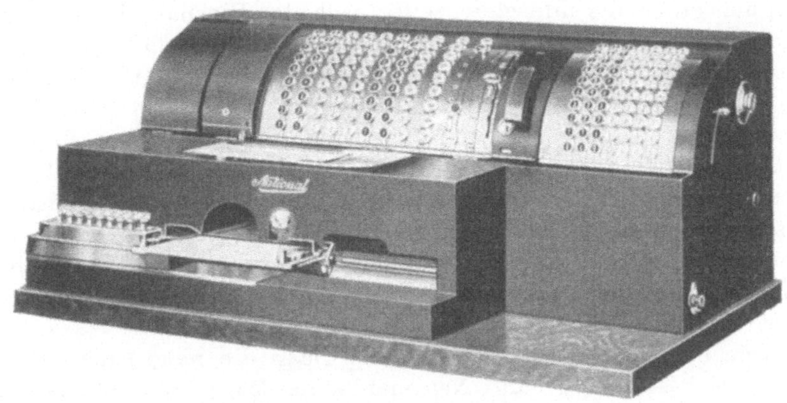

Abb. 5. National-Saldiermaschine.

2. Fehlen einer Subtraktionsvorrichtung;

3. bei vielen Modellen Fehlen einer selbständigen Vorrichtung zur Niederschrift der Resultate und zur Entleerung der Zählwerke. Sie erfolgt im allgemeinen noch durch Aufschließen des Innenmechanismus mit einem besonders konstruierten Schlüssel, durch den die Zählwerke auf den Stand von 0 gebracht werden;

4. die Anwendung von Farbkissen an der Druckvorrichtung; die Schreibtypen drücken auch, wenn kein Formular unterliegt, auf die Schreibplatte, beschmutzen diese und damit auch die Rückseiten der späteren Unterlagen. Erst die neueren Systeme weisen Farbbanddruck und automatisches Ausschalten der Druckvorrichtung auf, wenn diese nicht benutzt werden soll.

Die Verwendungsmöglichkeit ist gleichviel weitgehend. Man wird Registrierkassen überall da mit Erfolg verwenden können, wo geringen Buchungstext erfordernde Verkehrsabteilungen in die internen

Verrechnungskonten eingreifen, so bei der Kasse und den Giroabteilungen, wo Quittungen, Bestätigungen, Primanoten und Kontokorrentriskontren bequem in einem Arbeitsgange gebucht werden können, letztere aber nur dann, wenn man die Verkehrsabteilungen in ihrer Gesamtheit so anordnet, daß alle Kontokorrentposten über die Registrierkasse geleitet werden können, ein Verfahren, dessen sich einige Sparkassen bedienen. Voraussetzung ist dann, wie in jedem mechanisierten Betriebe, ein straffer Kontenplan und lückenlose Durchnumerierung der lebenden und toten Konten, um so die mangelnde Schreibvorrichtung teilweise zu ersetzen. Auch in der Wechselabteilung und Abrechnungsstelle sind die neuen Modelle, die eine Kontierung in einem Arbeitsgange nach 5 Gesichtspunkten zulassen, anwendbar. Hier wäre zu kontieren nach Kontokorrentgruppen einerseits und gleichzeitig nach der Eigenart des Wechsel- und Scheckmaterials andererseits. Wertvoll können diese Maschinen auch für die tägliche Bilanz sein, weniger dagegen für Nachkontrollen, wo ihnen die Großaddiermaschine infolge des etwas leichteren Arbeitens ihres Innenmechanismus überlegen sind. Betriebe mit wenig gegliedertem Geschäftsgang, z. B. Sparkassen, Girozentralen, Genossenschaften und ähnliche Institute, werden sich der Registrierkassen stets mit Erfolg bedienen können, während Betriebe mit starkem Devisen-, Effekten- und Depotverkehr mit ihnen für ihre reichgegliederten Spezialabteilungen weniger anzufangen wissen, da hier eine genaue Präzision des Textes erforderlich ist.

Den oben dargestellten Mängeln vermag die neue nach Art der Registrierkassen aufgebaute National-Saldier-Maschine großenteils zu begegnen, wodurch der Wirkungsgrad dieser Maschine natürlich entsprechend gesteigert wird. Die Maschine hat 20 Zählwerke, die Addition und auf einem Zählwerke direkte Subtraktion ermöglichen, und verfügt über die bereits genannten Vorzüge der modernen Registrierkassen, wie automatische Kolonnenkontierung, Farbbanddruck, selbsttätige Summenniederschrift und der Möglichkeit zur gleichzeitigen Beschriftung von mehreren Unterlagen.

Praktische Erfahrungen mit diesem System liegen noch keine vor, da es erst jüngst auf den Markt gebracht wurde; jedoch ergeben sich aus der Konstruktion schon Verwendungsmöglichkeiten, die die der Registrierkassen erheblich und z. T. auch die der Groß-Addier-Maschinen übersteigen werden, dies besonders da, wo die Zählwerke der Großaddiermaschinen für nebeneinanderlaufende Verbuchungen über mehrere Konten unter gleichzeitiger Aufspeicherung der Einzelposten und deren Verarbeitung zu einem Gesamtresultate nicht mehr ausreichen. Das übrige ergibt sich aus den bisherigen Ausführungen.

Hauptkassenformulare für Registrierkassen.

Formular 5. **Kontrollzettel.**

01345 16. Okt. 000 500.00 <u>EZ</u> 04 15. Okt. 25.
Kasse   **1.**

Formular 6. **Gutschriftsaufgabe.**

Volksbank in Köln.   Neue Aufgabe.

An Zahlstelle Severinstor.   Kasse 1.

Sie zahlten zugunsten Ihres Kontos:

Kto.-Nr.	Wert	Haben M.	Pf.	Grundbuchbez. u. Kontroll-Nr.	Buchungs-tag	Bem.
01345	16. Okt.	000 500.00		EZ 04	15. Okt. 25	—

Formular 7. **Sammelprimanota.**

Kto.-Nr.		Wert	Betrag	Vor-gang		Lfd. Nr.	Buchungs-tag
01345		16. Okt.	000 500.00	EZ 04		510	15. Okt. 25

2. Rechnende Schreibmaschinen.

Sie stellen eine Weiterbildung der gewöhnlichen Schreibmaschine dar und weisen neben deren Gebrauchsfähigkeit noch die Möglichkeit der Additions- und Subtraktionsrechnung, nicht jedoch die der Multiplikation und Division auf. Ihre Rechenvorrichtung kann sowohl im Zusammenhang mit der Schreibvorrichtung als auch ohne diese verwandt werden und besteht aus ca. $4 \times 5 \times 6$ cm großen Rechenmechanismen, die auf einer mit dem Schreibwagen fest verbundenen graduierten Laufschiene, der sogenannten Vertikalzählwerkszahnstange, befestigt sind, so daß jede Bewegung des Wagens auf sie übertragen werden kann. Diese Zählwerke werden sowohl für die Dezimalrechnung geliefert als auch für die Pfundrechnung. Rechnende Schreibmaschinen kommen vor allem in zwei Hauptmodellen auf den Markt: in solchen mit einer Schreibwalze, wie die Smith-Premier, Remington, Monarch, Underwood, Yost und die deutschen Modelle Mercedes und Urania-Vega. Das zweite Hauptmodell, die Elliott-Fisher, ist mit einer Schreibplatte ausgestattet. Neben sonstigen Vorteilen in der Schreibvorrichtung, wie nur Großbuchstaben oder Sondertastatur für Groß- und Kleinbuchstaben, können die meisten Systeme die gesicherte Schrift tragen, die sich in den obersten Beleg eingräbt und so Schriftänderungen ohne weiteres ersichtlich macht. Diese Vorrichtung ist für die Anfertigung von Orginalschecks, Zahlungsaufträgen u. ä. wertvoll und macht deren Sonderbehandlung überflüssig. Diese Systeme haben sämtlich entsprechend ihrer Eigenart als Schreibmaschinen einfache Zahlentastatur.

a) Rechnende Schreibmaschinen mit Schreibwalze
(s. Abb. 6).

Die neuesten dieser Systeme sind mit automatischem Wagenrücklauf und Zeilentransport ausgestattet und passen sich durch Dezimal- und Spaltentabulatortasten an die Eigenart eines jeden Formulars an. Die Walzen weisen weiterhin eine Vorsteckeinrichtung auf, die erleichtertes Vorstecken von neuen Belegen ermöglicht, ohne daß andere für mehrere Buchungen fortlaufend zu benutzende Unterlagen, wie die Primanota, Kontokorrentkontrollbogen usw., aus der Walze entfernt werden müssen.

Entsprechend der Eigenart des Formulars befestigt man auf der Zählwerkszahnstange Zählwerke, die die Posten in vertikaler Richtung zusammenfassen, damit also den Einzelspalten des Tabellenjournals entsprechen. Zur Verarbeitung der Teilglieder eines Einzelpostens, wie sie z. B. eine Effektenabrechnung aufweist, dient ein auf der rechten Seite des Maschinengehäuses an einer besonderen Schiene angebrachtes Einzelzählwerk, das also nur die horizontale Verrechnung übernimmt und nach vollständigem Vorliegen des Endwertes des betreffenden Postens durch dessen Übertragung auf das Formular auf den Stand von 0 zurückgekehrt sein muß.

In welcher Weise nun die in die Vertikalzählwerke gelangten Einzelposten von dem Horizontalzählwerk verarbeitet werden, bestimmt ein an jedem Vertikalzählwerk anbringbarer Kamm, je nach dessen Stellung das Horizontalzählwerk addiert oder subtrahiert. Posten, die für das Horizontalzählwerk wertlos sind, die aber in ihrer Gesamtheit addiert werden sollen, werden in sogenannte unverbundene (disconnect) Zählwerke aufgenommen, die in beliebiger Anordnung zwischen den übrigen Vertikalzählwerken eingesetzt werden können. Sollen Einzelposten in das Horizontalzählwerk gebracht, aber selbst in vertikaler Richtung nicht addiert werden, so nimmt man stumme oder Leerzählwerke hinzu, die lediglich Zählwerksrahmen ohne Rechenmechanismus sind. Je nach der Stellung des Kammes werden nun die durch das Leerzählwerk gehenden Zahlen im Hauptzählwerk addiert oder subtrahiert.

Stehen nun bei dem Druck auf eine Zahlentaste das Rechenwerk und ein unterhalb der Laufschiene auf dem Maschinengehäuse

befestigtes Antriebswerk übereinander, so werden 2 Hebelarme ausgelöst, von denen einer über das Antriebswerk je auf das Kolonnen-
Vertikal- und -Horizontal-Einzelzählwerk einwirkt und dort die eingedrückten Zahlzeichen sichtbar macht, der andere die Zahlen durch
die Schreibtasten zu Papier bringt. Sind nun alle Teilposten einer
Buchung entsprechend der Einstellung der Vertikalzählwerke von
dem Horizontalzählwerk bearbeitet, so wird mit der Schreibtastatur
nach Umschaltung eines Hebels der Endwert aus dem Horizontalzählwerk in das Vertikalzählwerk übertragen, das Horizontalzählwerk

Abb. 6. Rechnende Schreibmaschine mit Schreibwalze: System Smith-Premier.

auf 0 gestellt, so daß es zur Bearbeitung eines neuen Postens wieder
bereit ist. Die mit dem Abschreiben des Endwertes aus dem Horizontalzählwerk verbundene Fehlermöglichkeit suchte man bei der
Smith-Premier und Remington durch eine Sperrung der Tastatur zu
beheben, indem sich diese bei falschem Abschreiben aus dem Querzähler einem neuen Anschlag sperrte. Da diese Sperrung aus
mehreren Gründen entstehen konnte (s. u.), rüstete man die neuen
Systeme der Remington zwecks weiterer Kontrolle mit einer Klar-
sterntaste aus, die jedes richtige Resultat mit einem Sternzeichen
versieht und sich erst niederdrücken läßt, nachdem der Querzähler
restlos entleert ist. Eine Sperrung der Tastatur tritt gleichfalls ein,
wenn durch nicht genügende Stärke des Anschlages Ziffern nicht

gleichzeitig in das Vertikalzählwerk und Horizontalzählwerk aufgenommen wurden. Das Querzählwerk sperrt weiterhin den Mechanismus, wenn der Schreibwagen links von dem vorhin erwähnten Antriebswerk steht und durch die Hand zu dem richtigen Schreibpunkte gebracht wurde, ohne das Antriebswerk von rechts zu erreichen. Einzelne Systeme weisen noch besondere psychotechnische Arbeitserleichterungen auf, z. B. wird bei der Smith-Premier zum Schreiben der Großbuchstaben nicht der ganze Wagen, sondern nur der wesentlich leichtere Tastenkorb gehoben; andere Systeme werden nur mit Großbuchstaben geliefert, wodurch eine ca. 15 proz. Zeit- und Arbeitsersparnis durch Vermeidung des jeweiligen Umschaltens eintreten soll, u. a. m. Zusammenfassend wäre zu sagen:

1. Die einfache Zahlentastatur erschwert die Kontrolle der zu schreibenden Zahlen sehr. Diese ist aus den Zählwerken selbst nur für die jeweils ersten Ergebnisse möglich, da die folgenden stets wieder auf die vorhergehenden addiert werden. Eine Kontrolle gestatten nur die tatsächlich niedergeschriebenen Zahlzeichen. Ein Fehler bedarf daher sofort der Gegenbuchung durch Umschaltung eines Additions- und Subtraktionshebels. Gewöhnlich ist dadurch aber der ganze Satz der eingespannten Formulare (s. u. Durchschreibeverfahren) verdorben.

2. Da bei sämtlichen Systemen gleichzeitig Vertikalzählwerk und Horizontalzählwerk durch die Anschlagskraft der Hand bewegt werden müssen, wird der bedienende Beamte stark angestrengt, vor allem bei den höheren Ziffern, die ein Umdrehen des Rechenmechanismus in stärkerem Maße erfordern. Allerdings weisen die neueren Modelle hinsichtlich eines leichteren Arbeitens schon beträchtliche Fortschritte auf.

3. Die Maschinen eignen sich nicht für Kontroll- und Abschlußarbeiten. Mit ihnen ist dagegen die vorteilhafte Behandlung der laufenden Buchungsarbeit im Rahmen der Verkehrsabteilungen unter Einschluß der Kontokorrentübertragung möglich.

b) Rechnende Schreibmaschinen mit Schreibplatte
(s. Abb. 7).

Das einzige vorhandene System dieser Art ist die Elliott-Fisher-Maschine. Bei ihr ist der bewegliche Schreibwagen in eine feststehende Schreibplatte verwandelt. Die Typen der Schreibtastatur schlagen also nach unten, und der ganze Schreibkörper macht die gleiche Bewegung wie früher der Schreibwagen. Die Regulierung des Schreibkörpers in der Längsrichtung der Platte erfolgt auf Laufschienen, in der Querrichtung durch Tabulatortasten. Die linke Seite der Schreibplatte kann durch eine Pedale nach unten gezogen

werden, zwischen Laufschiene und Platte wird sodann die Schreib-
unterlage eingelegt, die Pedale wieder losgelassen, und die Maschine
ist schreibfertig. Zur Befestigung von Schreibunterlagen dient ferner
eine neben der rechten Laufschiene befestigte Stiftschiene, auf die
die an der rechten Seite grobgelochten Formulare eingespannt
werden. Über die ganze Länge der Schreibplatte laufen Durch-
schlagbogen, die sich von mehreren unter der Schreibplatte befindlichen Rollen abwickeln. Die Rechenmechanismen sind auf einer
hinter der Schreibtastatur befindlichen Laufschiene befestigt, die

Abb. 7. Rechnende Schreibmaschine mit Schreibplatte: Die Elliott-Fisher-Maschine.

zwischen 10 und 23 Mechanismen mit 7 stelliger Rechenfähigkeit
aufnehmen kann; sie unterscheiden sich wenig von den vorher dargestellten. Auch hier arbeiten die auf der Zählwerkszahnstange befestigten Mechanismen vertikal und evtl. horizontal, ein auf einer
besonderen Zahnstange sitzendes Querzählwerk nur horizontal. Ein
besonderer Knopf zeigt an, ob der Zählwerksmechanismus ein- oder
ausgeschaltet ist, eine Sterntaste, ob der Querzähler frei ist. Subtraktionen in einem Vertikalzählwerk, wie sie z. B. beim Niederschreiben der Endsummen notwendig werden, erfolgen durch Einführung von Komplementärzahlen. Um diese mechanisch abschreiben
zu können, ist die Zahlentastatur mit Doppeltypen und Umschaltvor-
richtung, ähnlich wie die gewöhnliche Schreibmaschine für Groß-

und Kleinbuchstaben, ausgerüstet. Jede Type enthält also 2 Komplementärzahlen 1/8, 2/7 usw. Im Zählwerk wird stets nur die Originalzahl addiert, während durch die Umschaltung statt deren die Komplementärzahl niedergeschrieben wird, die sich durch stark schrägliegende Schrift von der Originalzahl deutlich unterscheidet, so daß sich der Rechenvorgang jeweils genau erkennen läßt. Die Anschlagtasten zeigen die Originalzahlen in Schwarz, die Komplementärzahlen in Rot. Die von der Elliott-Fisher-Vertriebsstelle ausgegebenen Anweisungen ermöglichen dem die Maschinen bedienenden Beamten ohne genaue Kenntnis des negativen Zahlensystems mechanisch die richtige Handhabung der verschiedenen Zifferntasten, die sonst infolge ihrer verschiedenen Verwendung ernste Schwierigkeiten zur Folge hätten. So gibt es neben der gewöhnlichen Neunertaste mit der Komplementärzahl 0 noch eine besondere Taste, die gleichfalls zurückaddiert, aber ━· schreibt mit folgendem Zweck: Bei einer Zählwerkskapazität von 7 Stellen muß statt einer zu subtrahierenden Zahl 12.00 die Komplementärzahl 99 988.00 addiert werden. Außer den Komplementärzahlen zu 12.00 sind also auch die zu den vor dieser zu denkenden Nullen, also Neuner, zu addieren. Um aber nicht die Übersicht zu erschweren, werden die zu schreibenden schrägstehenden Nullzeichen durch das obenerwähnte ━· abgelöst. Um bei der letzten Stelle der Komplementärzahl die Aufrundung auf 10 statt auf 9 vorzunehmen, ist eine zweite Einertaste vorhanden, die 1 addiert und das Zeichen ∽ schreibt. Dieses Zeichen tritt unter die letzte aktive Zahl des zu subtrahierenden Postens. Als letzte besondere Taste ist schließlich noch die neutrale Null (O) vorhanden, die nicht addiert und nur beim Komplementieren verwandt wird, um die hinter der zu subtrahierenden Zahl folgenden Nullen zu schreiben. Die oben als Beispiel gewählte Subtraktion der Zahl 12.00 sieht also geschrieben ━·━·━· 12.OO aus und bedeutet in Wirklichkeit eine Addition von 99 988.00. Durch dieses sinnreiche Verfahren wird gleichzeitig die Nachkontrolle wesentlich erleichtert, indem der Kontrollbeamte sich nur von dem Vorhandensein der Sonderzeichen zu überzeugen braucht, um die Richtigkeit der Rechnung erkennen zu können. Im Gegensatz zu den auf S. 18 beschriebenen Zählwerken können die Elliott-Fisher-Zählwerke einen besonderen Auslöschhebel tragen, der ein automatisches Entleeren der Zählwerke ermöglicht allerdings ohne Niederschrift der Resultate. Sollen diese zu Papier gebracht werden, so sind die Komplementärzahlen zu benutzen. Stets ist diese Vorrichtung an den für die Sterlingrechnung bestimmten Zählwerken angebracht, weil bei diesen Subtraktionen nicht möglich sind, sondern alles auf die Additionsposten addiert wird, so daß das Endergebnis auf den Zählwerken nur beschränkten

Wert hat. Nur das Querzählwerk arbeitet hierbei normal. Die hierdurch notwendig werdende Abstimmung wird durch gesonderte Zusammenstellung der Sollposten, etwa mit einer auf Pfund eingestellten Großaddiermaschine, vorgenommen, und dann die Summe in doppelter Höhe von dem Habenumsatz abgezogen.

Die Mängel dieses Systems bestehen im folgenden:

1. starke Belastung des Beamten durch den harten Anschlag der Zahlentasten;

2. die komplizierte und ziemlich zeitraubende Art der Durchführung der Subtraktionen, an die sich der Beamte erst gewöhnen muß, was wieder von seiner Auffassungskraft abhängt;

3. das seitliche Ausweichen des Schreibkörpers, das sich besonders bei Maschinen mit breiter Schreibfläche unangenehm bemerkbar macht, indem der Beamte selten eine ruhige Stellung beibehalten kann. Die Praxis begegnete diesem Mangel durch Verwendung von Drehstühlen;

4. die stellenweise ungleichmäßige Ausführung, die bei den besseren Maschinen ein verhältnismäßig leichtes und ruhiges Arbeiten zur Folge hat, während andere, glücklicherweise in der Minderzahl befindliche, wesentlich größeren Kraftaufwand erfordern. Es scheint sich hier jedoch um eine Übergangserscheinung zu handeln, wie solche auch bei einer ganzen Serie von Schreibmaschinen mit Schreibwalze beobachtet wurden, bei denen allerdings das Material fehlerhaft war.

Besondere Vorteile sind zu erblicken:

1. in der enormen Durchschlagfähigkeit der Schreibtastatur, die wohl von keinem anderen System bis heute erreicht wurde;

2. in der präzisen Kontrollmöglichkeit nach der Buchung infolge der verschiedensten mit den Endbeträgen niedergeschriebenen Zeichen, der Doppeltypen der Zahlentasten und der entsprechenden verschiedenfarbigen Niederschrift;

3. in der leichten Regulierbarkeit der Schreibplatte;

4. in der Möglichkeit der Verwendung von verschieden großen Formularen, deren Einspannung bei den Walzenmaschinen wesentlich zeitraubender, bei einer größeren Anzahl sogar unmöglich ist[1]). Praktiker halten diesen Vorteil für so wesentlich, daß sie der Elliott-Fisher neben der Großaddiermaschine und dem später zu beschreibenden Power-System mit die größte Zukunftsmöglichkeit geben und die Schaffung eines der Elliott-Fisher entsprechenden, jedoch hinsichtlich des Rechenwerkes verbesserten deutschen Modells für aussichtsvoll halten.

Die rechnenden Schreibmaschinen eignen sich für folgende Arbeiten:

---

[1]) Vgl. auch Schigut: a. a. O. S. 15.

1. Erledigung der Arbeitsgänge in den Verkehrsabteilungen; die Anordnung der Zählwerke kann zu diesem Zwecke so erfolgen, daß sie wie ein amerikanisches Journal wirken, sie enthalten dann:

a) die Gesamtsummen aller Belastungen,

b) die Gesamtsummen aller Gutschriften,

c) die Gesamtumsätze aller Kontengruppen,

d) die sämtlichen Nebenposten in einer Summe oder spezialisiert;

2. die Übertragung des Kontokorrents; hierbei arbeiten die Zählwerke so zusammen, daß auf ihnen sichtbar wird (s. auch Formulare 8 und 18):

a) die Gesamtsumme der alten Salden,

b) die Gesamtsumme der Sollumsätze,

c) die Gesamtsumme der Habenumsätze,

d) die Gesamtsumme der neuen Salden.

Für Großbetriebe empfiehlt sich, a) und d) durch je ein besonderes Zählwerk für Soll und Haben darzustellen. Der Vorfall wird nach folgender Formel verbucht: + alter Habensaldo (bzw. alter Sollsaldo) — (bzw. +) Belastungen + (bzw. —) Gutschriften — neuer Haben- (bzw. + neuer Sollsaldo) = 0 (sämtliche Vorzeichen können natürlich auch umgekehrt heißen, jedoch bedienen sich die Banken im allgemeinen der erstgenannten, sonstige kaufmännische Betriebe der entgegengesetzten Formel). Wird durch diesen Vorgang die Hauptbuchseite gewechselt, so drückt sich dies durch Auftreten von Neunern vor dem Resultat aus, d. h. das wirkliche Resultat muß durch Einsetzen der Komplementärzahl gefunden werden.

Formular 8.

Kontokorrent für die Elliott-Fisher-Maschine.

Name							Konto-Nr.				
Adresse							Blatt-Nr.				
							Karten-Nr.				

Alter Saldo		Buchungs-dat.	Text	Buch.-dat.	Kto.-Nr.	Val.	Umsätze		Neuer Saldo		Tag
Soll	Haben						Soll	Haben	Soll	Haben	
			Uebertrag								

3. Die kombinierten Schreib- und Rechenmaschinen.

Von Nachteil war bei den rechnenden Schreibmaschinen die verstärkten Tastenanschlag erfordernde gleichzeitige Betätigung von Schreib- und Zählwerk, das Fehlen einer Kontrolltastatur, die mit einer Fehlerquelle verbundene Notwendigkeit des Abschreibens der

Resultate aus den Zählwerken und die geringe Eignung für die kontrollierende Bankarbeit und die Anfertigung größerer Listen, wie sie die Scheckversendung erfordert. Ferner wäre für bestimmte Verrechnungsarten ein Multiplikations- und Divisionsmechanismus notwendig. Um diese Nachteile, die jedoch nur solche für Sonderarbeiten sind, zu beheben, kommen die kombinierten Schreib- und Rechenmaschinen in Frage. Drei dieser Systeme arbeiten mit vereinfachtem Additions- und Subtraktionskörper, ein System hat eine Vierspeziesrechenvorrichtung.

a) Additions- und Subtraktionsmaschinen.

Sie sind in folgenden drei Ausführungen auf dem Markte:

a) eine Additionsmaschine mit Kontrolltastatur und angebauter Schreibmaschine, der Ellis-Addingtypewriter;

b) eine Schreibmaschine mit eingebauter Addiervorrichtung, die Underwood-Standard-Bookkeepingmachine;

c) eine Schreibmaschine mit Addierwerken und selbständigem Subtraktionskörper, die Moon-Hopkins-Buchhaltungsmaschine.

α) **Die Schreibmaschine mit Kontrolltastatur, die Ellis** (s. Abb. 8). Sie besteht aus einer schreibenden Großaddiermaschine mit Volltastatur und doppeltem horizontal und vertikal arbeitenden Zählwerk, an die eine Schreibmaschine angebaut ist, so daß Zähl- und Schreibtastenwerk unabhängig voneinander arbeiten. Die in das Tastenbrett eingedrückten Zahlen werden mit der Schreibvorrichtung der Zählwerke, die durch einen rechts von dem Tastenbrett angebrachten Kontakthebel ausgelöst werden, automatisch mit für den Beamten sichtbaren Zeichen niedergeschrieben, Übertragungsfehler aus den Zählwerken also vermieden. 9 links seitlich von der Tastatur befindliche Bedienungshebel regeln die Art der zu erledigenden Rechenoperationen, wie Auswerfen der Unter- oder Schlußaddition, Übertrag von Zählwerk I an Zählwerk II, Subtrahieren im ersten oder zweiten Zählwerk, oder des ersten Zählwerks vom zweiten, gleichzeitiges Arbeiten beider Zählwerke, Ausschaltung der Addiervorrichtung usw. Werden dabei zwei entgegengesetzte Rechenfunktionen verlangt, so sperren sich Hebel und Tasten dem normalen Anschlag. Die Aufgabe, das Zählwerk zu öffnen, fällt neben dem Kontakthebel auch den auf der Vorderseite des Wagens beliebig verstellbaren Tabellierungsreitern zu, die die einfache Tabellierung durch Tasten der Schreibapparatur nach Umstellung eines Hebels zu einer automatischen machen. An Stellen, die nicht zwischen 2 eine Formularspalte symbolisierenden Reitern liegen, lassen sich auch mit den Addierwerkstasten Zahlen schreiben, die dann nicht in das Zählwerk aufgenommen werden. Diese Zahlen können durch Niederdrücken des entsprechenden Zählwerkhebels an der linken Seite auch in das Zählwerk aufgenommen werden. Eine eigene Tabellierung hat die Schreibmaschine, die mit der für das Rechenwerk verbunden werden kann. Mit der Maschine lassen sich die verschiedenartigsten Rechenoperationen unter Ein- oder Ausschluß einmaliger oder mehrmaliger Niederschrift oder Addition der Einzelposten vornehmen. Durch mehrmaliges Addieren der Faktoren nach Ausschaltung der Schreibvorrichtung können kleinere

Abb. 8. Kombinierte Schreib- und Rechenmaschine mit Kontrolltastatur: Die Ellis-Maschine.

Multiplikationen ausgeführt werden. Der Schreibwagen ist mit der Vorsteckvorrichtung versehen, kann aber auch eine geteilte Walze erhalten, wobei dann der linke Teil die nur für einen Buchungsvorgang bestimmten Unterlagen, der rechte für den ganzen Buchungstag bestimmte Kontrollbogen aufnimmt. Die Verwendungsmöglichkeit der Ellis in der Praxis entspricht ihrer Konstruktion als einer Vereinigung von Additionsmaschine und Schreibmaschine. Sie leistet also:

1. Laufende Buchungsarbeit. Hierbei ist sie jedoch durch die geringe Anzahl ihrer Addierwerke in etwa behindert, bleibt also auf

Verkehrsabteilungen, die Abzüge über wenige Konten verbuchen, beschränkt. Trotz der Teilbarkeit des einen Zählwerks reicht dieses nicht für alle Nebenkonten der Effekten- und Devisenabrechnung. Vorteilhaft verwendbar ist sie zur Buchung der Eingangslisten für Wechsel und Schecks. Adresse, Text und laufende Nummer werden mit der Schreibmaschine geschrieben, die Wechselbeträge mit der Schreibvorrichtung der Kontrolltastatur, jene gleichzeitig in das erste Zählwerk aufgenommen. Stempel, Provision und Spesen übernimmt das zweite Zählwerk. Durch Bedienung der Subtotaltaste des ersten Zählwerks erfolgt die Summenniederschrift, durch gleichzeitige Betätigung der Totaltaste des zweiten Zählwerks und der Subtraktionstaste wird die Summe der Abzüge niedergeschrieben und diese von der Nominalsumme in Abzug gebracht. Die Totaltaste des ersten Zählwerks ermöglicht sodann die Niederschrift des Gutschriftbetrages, und die Maschine ist vollständig entleert. Bei geteiltem Wagen erfolgt vermittelst der Repetiertaste außerdem Niederschrift von Kontrollzahlen auf einen Kontrollbogen. Zur Feststellung des Gesamteinganges auf dem Wechselkonto wird nun noch die Addition der Gesamtbeträge auf den Gutschriftaufgaben notwendig.

Bequemer noch lassen sich Listen von Rimessen, die ohne Abzüge verbucht werden, herstellen. Die hierfür benutzten Formulare enthalten bekanntlich je eine Spalte für die Einzelbeträge der Rimessen und für den Gesamtbetrag. Über jeder dieser Spalten befestigt man einen Tabulierungsreiter, von denen der eine das Zählwerk I, der andere das Zählwerk II öffnet. Die Einzelbeträge werden nun im ersten Zählwerk gesammelt, der Wagen wird auf die Gesamtspalte gebracht, hier die Totaltaste für Zählwerk I eingedrückt und der Kontakthebel getätigt. Die im Zählwerk I stehende Summe der Liste wird dadurch niedergeschrieben und Zählwerk I entleert, dadurch für den nächsten Brief freigemacht. Der über der Gesamtspalte stehende Tabulierungsreiter bewirkt nun die Öffnung von Zählwerk II, das die Gesamtbeträge aufnimmt. Ein außer der Liste in die Walze eingespannter Kontrollbogen kann so die Einzelbeträge, die über das gleiche Konto laufenden Gesamtposten und die Tagesaddition, und so die Funktionen einer Primanota übernehmen. Ähnlich wäre bei den andern für die Maschine in Frage kommenden Verkehrsabteilungen, der Kasse, der Reichsbankgiro-, Postscheck- und Abrechnungsabteilung zu verfahren.

2. Kontrollarbeiten bei Abstimmungen jeglicher Art entsprechend ihrem Charakter als Großaddiermaschine. Zu diesem Zwecke wird eine bequem vorzunehmende Feststellung des Springwagens notwendig. In dieser Funktion ist sie jedoch den reinen Großaddier-

maschinen nicht ganz gleichwertig, da sich infolge der Anordnung des Tastenbrettes nicht die gleiche Schnelligkeit wie auf diesen erreichen läßt.

3. Abschlußarbeiten, wie Kontokorrentstaffeln, ähnlich dem Verfahren der Großaddiermaschine, wobei sich das mehrmalige Schreiben eines gleichen Saldos bei fehlendem Umsatz durch mehrmalige Addition des Postens ohne Auslösung der Schreibvorrichtung ersparen läßt. Jedoch ist sie nicht in der Lage, der Idealforderung einer Zinsstaffelmaschine: gleichzeitige Ausrechnung der Tagessalden und deren Addition zu erfüllen. Auch hier wird die Addition der Salden in einem zweiten Arbeitsgange notwendig (s. auch Formular 17).

β) Die kombinierte Schreib- und Addiermaschine mit einfacher Tastatur, die Underwood (s. Abb. 9). Sie ist im Gegensatz zur Ellis als eine Schreibmaschine konstruiert, die auf einer Additions- und Subtraktionsmaschine aufgebaut ist. Ihr Rechenmechanismus arbeitet wie der der Großaddiermaschine mit elektrischem Antrieb und liegt unterhalb der Buchstabentastatur. Die Underwood kommt mit 2—5 Zählwerken auf den Markt, mit denen gleichzeitig Quer- und Vertikaladditionen und -subtraktionen ausgeführt werden können. Nach Ausschaltung der Schreibvorrichtung erledigt sie kleinere Multiplikationsarbeiten durch mehrmalige Addition. Als Schreibmaschine führt die Underwood nur einmal die Zifferntasten 0—9. Die Buchungsposten werden durch Druck auf die entsprechende der Zahlentabulatortasten in die Konten- und Stellenspalten gebracht und nach Eindrücken der letzten Stelle ohne weitere Manipulation in das Zählwerk aufgenommen. Wagenrücklauf und Zeilenschaltung erfolgen automatisch durch Einstellen von Reitern auf einer der Schreibwalze parallelen graduierten Laufschiene. Eine mit einem Hebel verbundene Signalscheibe auf der rechten Seite des Gehäuses zeigt die jeweilige Tätigkeit des Mechanismus an. Die Einstellung des Wagens auf die Zählwerke erfolgt durch einmaligen Druck auf das erste Zählwerk, durch zweimaligen auf das zweite usw. Die Beseitigung von Fehlerdrucken kann vor Niederschrift der letzten Zahl durch Rücktasten auf der unteren Seite des Zählwerkes erfolgen. Hierin unterscheidet sie sich wesentlich von den bisher dargestellten Systemen. Während bei der Großaddiermaschine, der Ellis und den Registrierkassen zuerst der ganze Betrag in die Tastatur eingesetzt und dann in seiner Gesamtheit vom Zählwerk verarbeitet und von der Druckvorrichtung niedergeschrieben wird, die rechnenden Schreibmaschinen dagegen jede Ziffer einzeln in das Zählwerk aufnehmen und niederschreiben, erfolgt das Schreiben der Zahlen bei der Underwood genau wie auf der Schreibmaschine. Nach Druck auf die entsprechende Taste der Dezimaltabulierung rückt der Wagen

nach Anschlag einer Zifferntaste jeweils eine Stelle weiter; der
die Verarbeitung im Zählwerk bewirkende Motor springt erst an,
sobald die letzte Ziffer hingeschrieben, wodurch sich die auf
den ersten Blick eigenartig erscheinende Eliminationsmöglichkeit
von Fehlstellungen erklärt. Auf einem Schlitz werden die jeweilig
in den Zählwerken enthaltenen Zahlen sichtbar. Neben den Rücktasten hat außerdem jedes Zählwerk je eine Sterntaste, die sich
nur niederdrücken läßt, wenn das entsprechende Zählwerk leer
ist. Auch diese Maschine schreibt die Resultate nicht selbsttätig
nieder, diese müssen vielmehr aus den Zählwerken nach Umstellen

Abb. 9. Die Underwood-Buchhaltungsmaschine.

eines Hebels abgeschrieben werden. Zur Kontrolle von Fehlüber-
tragungen ist die obengenannte Sterntaste angebracht, die bei ihrer
Betätigung die Richtigkeit der restlosen Übertragungen aus dem
Zählwerk durch Druck eines Sternchens unter die letzte Ziffer des
Resultates bescheinigt. Der Arbeitsgang ist infolge des elektrischen
Antriebes leichter als der der rechnenden Schreibmaschine, die auf
einem breiten Schlitz erscheinenden Zahlen strengen das Auge
weniger an als die auf den Rechenmechanismen der rechnenden
Schreibmaschinen.

Die praktische Verwendbarkeit entspricht der dieser Systeme.
Sie kommt bei dem Mangel einer Kontrolltastatur nur für die
Arbeiten der Verkehrsabteilungen und Kontokorrentübertragung

in Frage, wobei die Verbindungsmöglichkeit der einzelnen Zählwerke untereinander sehr wertvoll ist. Will man z. B. auf einer Maschine mit 3 Zählwerken entsprechend dem Verfahren der Großaddiermaschine ein Saldenkontokorrent buchen, so nimmt man zuerst den alten Saldo in das dritte Zählwerk auf und verbindet durch Stangen auf der Rückseite der Maschine nun das erste und das zweite Zählwerk mit dem dritten, so daß Zählwerk I den Soll-, Zählwerk II den Habenumsatz, Zählwerk III den alten Saldo und den neuen Umsatz bearbeitet, somit den neuen Saldo ausweist. So hat man am Ende des Buchungstages in den Zählwerken I + II je den Tagesumsatz, in Zählwerk III den neuen Gesamtsaldo des Kontokorrents und damit bzw. in deren Zusammenstellung über das Sammeljournal eine Kontrolle für die umsatzmäßige Richtigkeit der Übertragungen.

γ) **Die kombinierte Schreib- und Additionsmaschine mit selbständigem Subtraktionskörper, die Moon-Hopkins-Buchhaltungsmaschine.** Dieses erst jüngst nach Deutschland gekommene elektrisch angetriebene Burrough-Fabrikat hat 3—4 vertikal und horizontal arbeitende Unterzählwerke, ein Gesamtaddierwerk und einen unabhängig von diesem arbeitenden Subtraktionskörper. Die Rechenvorrichtungen sind im Innern der Maschine angebracht und können durch Hebel miteinander verbunden werden, der Schreiber kann jedoch ihren jeweiligen Stand nicht ablesen, jede in die Zahlentastatur eingedrückte Ziffer wird zuerst in die letzte Zählwerkstelle aufgenommen, durch jede weitere Ziffer der zu verbuchenden Zahl eine Stelle nach links gedrückt, woraus sich der Wegfall der Dezimaltabellierung ergibt. Die Einstellung auf die Spalten der Formulare erfolgt wieder durch Tabellierungstasten und -reiter. Für die Niederschrift der Resultate ist eine besondere Resultattaste vorhanden, vor deren Auslösung Fehltypen durch einen Löschhebel beseitigt werden können, wodurch der bisherige Zählwerksstand nicht beeinflußt wird. Die einen elektrischen Stromkreis schließende Resultattaste beseitigt somit auch die den vorigen Modellen anhaftende Fehlerquelle. Eine besonderer Datumtaste mit auswechselbarer Type gestattet durch einmaligen Anschlag die Festhaltung des ganzen Buchungsdatums. Der elektrische Antrieb des Mechanismus bewirkt ungemein leichtes Arbeiten, das dem der Großaddiermaschine entspricht; auch wie diese ist die Moon Hopkins mit Springwagen und selbsttätiger Zeilenschaltung ausgerüstet.

Die praktische Verwendbarkeit der Moon Hopkins geht weiter als die der Underwood. Infolge des gleichzeitigen vertikalen und horizontalen Arbeitens der Zählwerke und deren bequemen Verbindungsmöglichkeit untereinander können außer den Arbeiten der

Underwood auch ganze Zinsstaffeln einschließlich der Addition der Salden angefertigt werden. — In der Praxis ist die Maschine jedoch erst wenig in Benutzung.

b) Schreibmaschinen
mit Vierspeziesrechenmechanismus (s. Abb. 10).

Alle vier Rechenarten unter voller Ausnutzung der Zählwerkskapazität bearbeitet heute nur die Burrough-Moon-Hopkins-Faktu-

Abb. 10. Schreibmaschine mit Vierspeziesrechenmechanismus:
Die Moon-Hopkins-Fakturiermaschine.

riermaschine. Sie hat 3—4 vertikal und horizontal rechnende Unter-, ein getrennt oder zusammen mit diesen arbeitendes Gesamtzählwerk und einen Multiplikations- und Divisionskörper; letzterer hat für die Multiplikatoreinstellung nichtschreibende Tasten, wodurch eine besondere Niederschrift der Multiplikatorziffern mit den Zahlentasten der Schreibmaschine erforderlich wird. Durch den Multiplikations- bzw. Divisionskörper errechnete Zahlen werden gleichzeitig in dem gewünschten vorderen oder hinteren Zählwerke weiterverarbeitet, dort also addiert und subtrahiert. Für mehrfache Multiplikationen genügt einmalige Einstellung in die Maschine, eine besondere Abstrichtaste bringt die überflüssigen Stellen in Wegfall, eine Aufrundungstaste bewirkt automatisch an der gewünschten

Formular 9.

Wechselformular für die Moon-Hopkins-Maschine.

A.-Bank.	An Firma							
Wir empf. mit Schreiben vom .... folgende Rimessen.								
Nr.	Betrag	Verfall-tag	Zahl-ort	Tage	Zins-zahlen	Spes.	Stpl.	Bem.
							Disk.-Prov.	
		Wert ......|............						
wofür	wir Sie E. v., w.	v. erkennen			Hochachtungsvoll A.-Bank.			

Formular 10.

Wechselformular für die Moon-Hopkins-Maschine.

Korr.-F/breil. .... Nr. ......

N.-BANK.

Köln, ...

Firma

Mit Schreiben vom ....../............

empfingen wir nachstehend aufgef. Wechsel zum Diskont

Betr. R.-M.	Verfall	Ort	Spesen	Tage	Zinszahlen	Zinsen

wofür wir

abzüglich .... Prov.

„ Zinsen u. Spesen R.-M .... Wert ....

in Ihr Haben buchten.

Hochachtungsvoll

N.-BANK.

Formular 11.

Kontokorrentstaffel auf der Moon-Hopkins-Maschine.

Konto Nr. II 110

Konto: Adolf Janssen, Boppard

Periode	%	Nummern	Betrag	Periode	%	Nummern	Betrag
30.6.-31.12.	9	95 792	2394,50	30.6.-31.12.	3	420 507	3504,20
		Soll				Haben	

| Umsätze | | Val. | Saldo | | Tage | Nummern | |
Soll	Haben		Soll	Haben		Soll	Haben
					180	95 792	420 507

Dezimalstelle deren Erhöhung um eine Einheit, wenn die nach
rechts folgenden die Hälfte oder mehr der vorhergehenden aus-
machen, andernfalls übernimmt die Taste die Abrundung. Die Verbindung der Zählwerke untereinander erfolgt wie bei dem vorigen
Modell durch Hebelbetätigung, die Niederschrift der Resultate
durch Tastendruck wie bei der Großaddiermaschine. Die Spalten-
und Dezimaltabellierung, die Resultattaste, der Löschhebel und die
Datumtype entsprechen denen des vorigen Modells. Die Haupt-
vorzüge der Moon Hopkins vor den bisher genannten Systemen bestehen also in der Vierspeziesvorrichtung und der selbsttätigen
Niederschrift der Resultate, wodurch eine Fehlerquelle in Wegfall
kommt. Eine neue wird jedoch durch die mangelnde Schreibvorrichtung für die Multiplikatortasten geschaffen. Im ganzen ist
der Mechanismus weit weniger kompliziert als der der rechnenden
Schreibmaschinen, der Gang fast so leicht wie bei der Großaddiermaschine bei entsprechender Durchschlagskraft. Die Verwendungsmöglichkeit der Moon Hopkins im Bankbetrieb geht naturgemäß
über die der rechnenden Schreibmaschinen hinaus. Sie leistet jede
laufende Arbeit vom einfachen Kassenbeleg bis zur komplizierten
Effekten-, Devisen- oder Wechselabrechnung, ferner Kontokorrentübertragungen und Staffelarbeiten. Diese gestalten sich durch das
gleichzeitige vertikale und horizontale Arbeiten der Zählwerke und
die Möglichkeit der gleichzeitigen Zins- und Provisionserrechnungen
wesentlich einfacher als die bei der Großaddiermaschine und der
Ellis. Die Kombination der Zählwerke erfolgt zu diesem Zwecke
ungefähr wie bei der Underwood. Für Kontrollarbeiten verdienen
Systeme mit Kontrolltastatur den Vorzug (s. Formulare 9, 10, 11,
41—44).

B. Mechanisch arbeitende Buchungsmaschinen nach dem Hollerith- und Power-Verfahren.

Sie sind auf dem Markte durch die Hollerith- und Power-Systeme vertreten. Sie unterscheiden sich untereinander dadurch, daß die Hollerith unter Anwendung von Elektromagneten, die Power mechanisch arbeitet und die elektrische Kraft nur zu Antriebszwecken benötigt. Im Gegensatz zu den bisher genannten Systemen buchen sie in hohem Grade mechanisch. Charakteristisch für ihre Arbeitsweise ist die Auflösung des Gesamtbuchungsvorganges in drei Teilarbeiten, die durch die Lochmaschine, die Sortiermaschine und die Tabelliermaschine erledigt werden und sich der sogenannten Lochkarte (s. Formulare 13/14) als Buchungsträger bedienen.

1. Die Lochmaschine (s. Abb. 11—16).

Zwischen den Lochmaschinen der beiden Systeme besteht ein Unterschied nur insoweit, als die Hollerith-Maschinen auch für Hand-, die Power-Maschinen für Kraftantrieb eingerichtet sind. Beide Werke haben je einen Tastenlocher mit beschränkter Tasten-

Abb. 11. Hollerith-Handlocher.

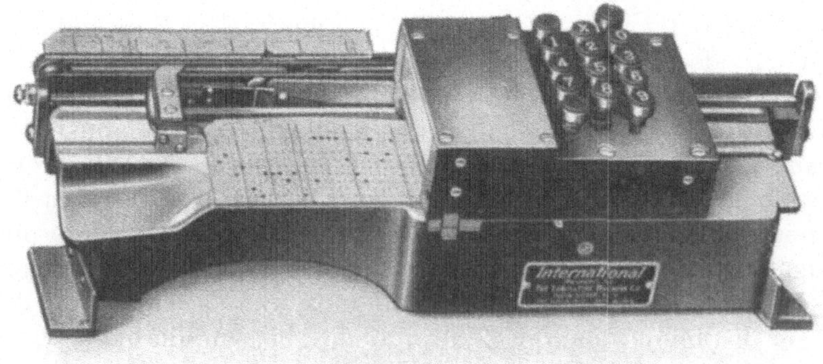

Abb. 12. Hollerith-Elektromagnetlocher.

zahl und Tabulatoreinstellung auf die Kartenspalten konstruiert, Hollerith dazu noch einen Schnellstanzer mit Schiebereinstellung (ähnlich der Einstellung auf den Registrierkassen) und Power einen

Abb. 13. Hollerith-Schnellstanzer.

einer Maschine mit Kontrolltastatur entsprechenden Kettenschieberlocher. Neuerdings hat die Berliner Vertretung der Powergesellschaft eine kombinierte Loch- und Schreibmaschine auf den Markt gebracht, die in ähnlicher Weise wie die Ellis das Problem der Verbindung der gewöhnlichen Schreibmaschine mit der mechanischen Verarbeitung der Buchungsunterlage löst. Sie besteht aus einer für die Lochkartenunterlage umgebauten deutschen Mercedes - Schreibmaschine, die für die Niederschrift der Zeichen, die auf die Lochkarte

Abb. 14. Powers Sichtlocher.

3*

gehören, eine besondere, in ihren Typen von der gewöhnlichen verschiedene Zahlentastatur hat, deren Tasten zunächst auf die in der Maschine befindliche Unterlage schlagen, durch Schließung eines elektrischen Stromkreises gleichzeitig den Anschlag auf die Lochkarte übertragen, die nun durch verschiedene Stromleitungen (für jede Taste eine) nur lose mit der Schreibmaschine verbunden ist. Zur Anwendung gelangt der von Power mit Sichtlocher bezeichnete Tastenlocher. Praktische Erfahrungen mit dieser Maschine liegen noch keine vor.

Abb. 15. Powers kombinierte Schreiblochmaschine.

Die Grundlage für die Arbeiten beider Systeme sind Kartons, auf denen die Buchung durch Lochen an bestimmten Stellen ausgedrückt wird. Als Unterlage kann jeder deutlich angefertigte Buchungszettel dienen, der rasches Ablesen der Buchung gewährleistet. Diese Unterlagen lassen sich durch Anwendung der sogenannten Verbundkarte (s. Formular 12) einsparen, sie enthält neben der Zahleneinteilung handschriftlich oder mit der Schreibmaschine hergestellte Textangaben, nach denen die Lochungen vorgenommen werden. Die Verbundkarte ist somit gleichzeitig schriftliche Unterlage und mechanisches Mittel zur selbsttätigen Wiedergabe ihres Inhaltes. Für ihre Bearbeitung dient eine besondere Ausführung des Tastenlochers, der Sichtlocher. Die im allgemeinen getrennte Bearbeitung der Buchungsunterlage und der Lochkarte kann durch den kombinierten Schreiblocher behoben werden, womit eine endgültige Lösung des Lochkartenproblems gefunden wäre, deren bürotechnische Ausarbeitung jedoch vorläufig der Praxis überlassen werden muß.

Abb. 16. Powers Kettenschieberlocher.

Der Lochvorgang selbst ist folgender: Aus einem Magazin (Power) oder über einen Rost (Hollerith) werden in die Lochmaschine $8\frac{1}{4} \times 18\frac{3}{4}$ cm große, 0,18 cm starke Karten eingeführt, die mit 45 Ziffernreihen versehen sind, die die Ziffern 0—9 oder auch 0—12 enthalten und durch vertikale Linien zu Gruppen vereinigt werden müssen. Diese Zusammenfassung ist so vorzunehmen, daß die entstandenen Felder genau der maximalen Größe der später darin zu vermerkenden Zahlen entsprechen. So wird zur rationellen Aus-

nutzung der Kontokarte eine scharfe Konzentration des Buchungsvorganges notwendig. Textangaben sind durch Schlüsselzahlen
auszudrücken. Zur Buchung läßt man zuerst durch Hebeldruck eine
Karte aus dem Magazin in das Maschineninnere befördern, bezw.
schiebt sie über den Rost in die Stanzfläche. Die Buchung wird
nun auf Tasten oder Schiebern eingestellt, dadurch werden im
Innern der Maschine Stifte gelöst, die nach Druck auf einen Hebel
die Karte an den entsprechenden Stellen automatisch lochen. Der
Sichtlocher gestattet automatische Einführung der Karten von einem
Auflegebrett aus, nachdem deren Textangaben zuvor als Vorlage
für die Einstellung der Lochstifte gedient haben. Die gelochte
Karte gelangt dann bei der Power-Maschine in einen Behälter an
der Außenseite, dem sie entnommen werden kann. Eine an der
Lochmaschine angebrachte Repetiertaste ermöglicht ohne neue
Einstellung die Anfertigung mehrerer Karten, ebenso kann auf
mehreren Karten eine beliebige Anzahl von Kolonnen mit denselben Lochungen unter Beibehaltung der vorigen Einstellung versehen werden.

2. Die Sortiermaschine (s. Abb. 17 und 18).

Die Sortiermaschine hat den Zweck, die gelochten Karten jeweils nach einem bestimmten Gesichtspunkte zu ordnen. Sie besteht
aus 13 Sortierfächern, die im Ruhezustand der Maschine durch
Klappen verschlossen sind, und einem Magazin zur Aufnahme der

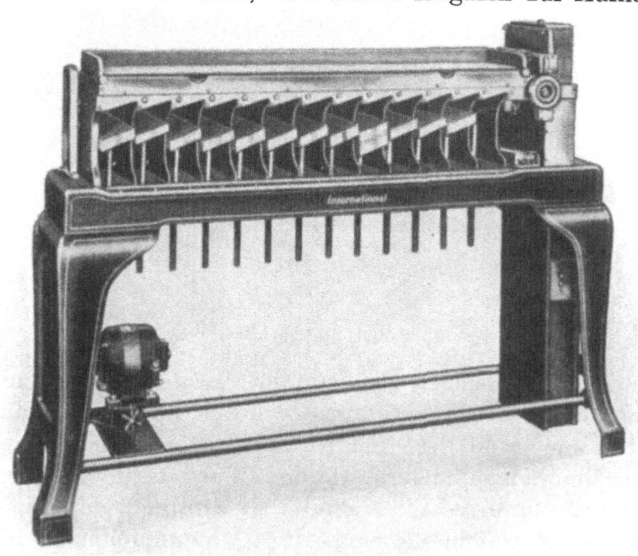

Abb. 17. Hollerith-Horizontal-Sortiermaschine.

Karten. Der obere Rahmen der Sortierfächer ist beim Power-System mit 12 Fühlstiften, beim Hollerith mit Stahlbürsten versehen, die jeweils auf die entsprechenden Stellen der Rubrik, nach der geordnet werden soll, einzustellen sind; die Lochungen der Karte werden nun abgefühlt, durch Schließung eines elektrischen Stromkreises (Hollerith) oder auf mechanischem Wege (Power) je nach der in der Reihe befindlichen Lochung Sortierfächer geöffnet. Diese sind bei der Hollerith in vertikaler[1]), bei der Power in horizontaler Richtung angeordnet. Der Vorgang bei Hollerith ist der, daß die Karten durch einen Schlitz nach unten geschoben, dort von elektrisch angetriebenen Walzen erfaßt und von der Stahlbürste abgefühlt werden. In dem Augenblicke, wo die Walze mit der Stahlbürste in direkte

Berührung kommt, wenn sie also auf ein Loch in der Karte stößt, wird ein Stromkreis geschlossen, der die Karten durch Greifer in das der gelochten Ziffer der Vertikalrubrik entsprechende Gefach befördert. Die horizontale Anordnung der Power benötigt nur einen elektrischen Antriebsstrom und arbeitet sonst mechanisch.

Abb. 18. Powers Sortiermaschine.

Die Weiterleitung der Karten erfolgt nur durch Walzen, die Abfühlung durch 12 Stifte. Die Mechanik zur Öffnung der Sortierfächer arbeitet entsprechend dem Fernauslöser beim photographischen Apparat. Die Leistungsfähigkeit der Power ist vermöge der horizontalen Anordnung ca. 25 % größer als die der Hollerith. Besteht eine Rubrik aus mehreren Stellen, so werden die Karten für jede Stelle einmal durch die Maschine geschickt. Man sortiert hier zuerst die erste Stelle von rechts, so daß die Karten mit gleichen Endzahlen im selben Gefach liegen, entnimmt sie der Reihe nach diesem und läßt sodann die zweitletzte Stelle von rechts ordnen, bis alle Karten in ziffernmäßiger Aufeinanderfolge geordnet sind. Sind Karten nach gleichen Angaben, etwa nach Monaten, sortiert, so muß man durch die der Angabe entsprechende Öffnung sehen können. Will man ohne Störung der Reihenfolge in den übrigen

---

[1]) Die neuen Hollerith-Sortiermaschinen sortieren gleichfalls in horizontaler Richtung (s. Abb. 17).

Karten eine einzelne Gruppe heraussortieren, so geschieht dies
durch einmaliges Sortieren mit Hilfe einer besonderen Gruppen-
ausscheidevorrichtung. Ist das Kartenmagazin leer oder ein Auf-
nahmefach gefüllt, so erfolgt ein automatisches Ausschalten der
Maschine. Die Ausrüstung mit einer Zählvorrichtung ermöglicht die
Feststellung der in die Einzelfächer gelangten und der Gesamtsumme aller durch die Maschine geschickten Karten.

3. Die Tabelliermaschine (s. Abb. 19—20).

Sie übernimmt die Umwertung der durch die Lochkarte symboli-
sierten Geschäftsvorfälle und stellt sie bilanz-fertig zusammen. Die
Tabelliermaschinen beider Systeme sind eine Vereinigung von

Abb. 19. Hollerith-Tabelliermaschine.

Rechen- und Druckmaschine und werden mit 5—7 Zähl- und Druck-
werken zu je 9 Stellen, günstigstenfalls also deren 63, geliefert.
Von diesen können bei der Power im Höchstfalle 45 durch Ver-
mittlung eines auswechselbaren Verbindungskastens in einer den
Rubriken der Lochkarte entsprechenden Anordnung untereinander
verbunden werden. Bei der Hollerith-Maschine fällt dieser für jede
Kartenart besonders anzuschaffende Verbindungskasten fort, die
Aufteilung erfolgt durch Schaltungen von der Außenseite her, wodurch dem Hollerith-System eine größere Beweglichkeit erwächst.
Die verbleibenden Stellen dienen dem Überzählen der Zählwerke.
Die Zählwerksstellen lassen sich auch zu kleineren Untergruppen,
2 der Zählwerke zu einer größeren Gruppe zusammenfassen, wodurch dann bis zu 18stellige Zahlen bearbeitet werden können.

Statt zweier Zählwerke können bei der Power auch Buchstaben-druckwerke eingesetzt werden, die die Lochkarte gleichfalls be-tätigt, so daß sich so mit der Maschine bis zu 18 Buchstaben um-fassende Textbezeichnungen schreiben lassen. Auf der Lochkarte sind diese Buchstaben durch Zahlen zu symbolisieren. Nach diesen Buchstabenlochungen kann man die Karten auch durch die Sortier-maschine ordnen lassen, also mechanisch alphabetieren. Die Karten werden nun in der durch die Sortiermaschine vor-genommenen Reihenfolge in ein Magazin der Tabellier-maschine gebracht. Zum Aus-werfen von Zwischenaddi-tionen werden bei der Power mit zwei großen Einschnitten versehene Karten an der ent-sprechenden Stelle eingelegt, ähnliche für das Auswerfen der Endadditionen. Die Hol-lerith-Maschine erfordert diese immerhin Fehlmöglichkeiten enthaltende Zwischenlegung nicht. (Für die Endaddition bei den neuesten Power-Modellen ist die Verwendung der „Stopkarten" bereits wegge-fallen.) Vermöge ihrer Aus-rüstung mit einem Gruppen-kontrolleur entleeren sich ihre Zählwerke automatisch, nach-dem die letzte Karte der Gruppe durchgelaufen ist, und nehmen dann die neue Gruppe in Ar-

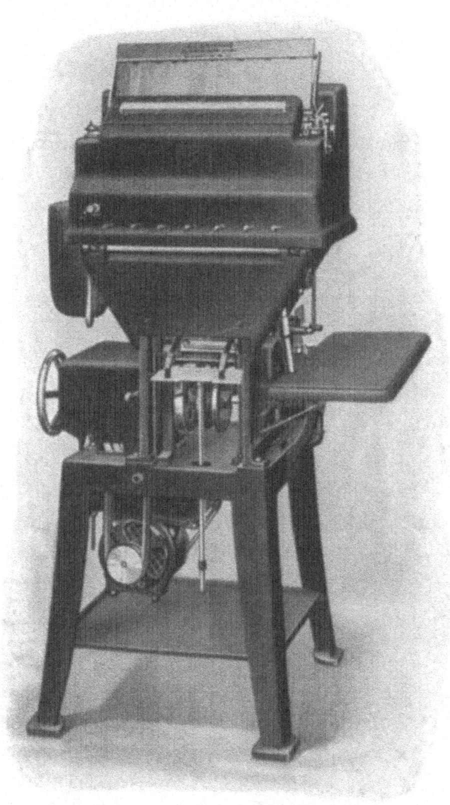

Abb. 20. Powers Tabelliermaschine.

beit. Die Einschaltung der zu betätigenden Zähl- und Druckwerke erfolgt durch Hebel auf dem Maschinengehäuse. Im Innern der Maschine werden die Karten abgetastet, dementsprechend die Zähl- und Druckwerke ausgelöst und die auf einer Art Wagen befestigten Unterlagen beschrieben. Die Umschaltung eines Hebels ermöglicht die genaue Abschrift sämtlicher Karten und anschließende Nieder-schrift des Gesamtresultates oder nur die Niederschrift der End-summe. Für die Tabellierung verschlägt es nichts, daß Soll- und Habenposten untereinander vermischt vorkommen, da sich die

Maschinen selbsttätig von einer Hauptbuchseite auf die andere um-schalten. Bei der Umschaltung von Haben auf Soll werden die Komplementärwerte geschrieben, bei 9 stelliger Rechenfähigkeit die Debetzahlen also von 1 000 000,00 abgezogen, erfolgt dann Soll-ausgleich durch einen Habenposten, so erscheint der neue Haben-saldo wieder mit seinem reellen Wert. Die Maschine arbeitet so lange, als Karten vorhanden sind, und steht dann von selbst still.

4. Praktische Verwendbarkeit der beiden Systeme.

Voraussetzung für die Ausnutzung der Power- und Hollerith-Systeme ist die Anfertigung einer Lochkarte für jeden einzelnen Geschäftsvorfall. Die Einteilung der Karten richtet sich nach der Eigenart des Geschäftsvorfalles und nach den später damit zu er-zielenden Ergebnissen. Für den Kontokorrentverkehr ergibt sich etwa folgende Anordnung:

3 Zahlenreihen für das Rechnungsdatum, hiervon wird eine für die Monatsangabe (nebst 2 Überlochungen), 2 weitere für die Angabe des Tagesdatums benötigt. Die Jahreszahl schlüsselt man durch Überlochungen in den Tagesspalten auf, oder man ver-wendet für jedes Jahr eine andere Kartenfarbe,

Hollerith- bzw. Power-Karten.

Formular 12.

Verbundkarte für die Depot-Kontrolle.

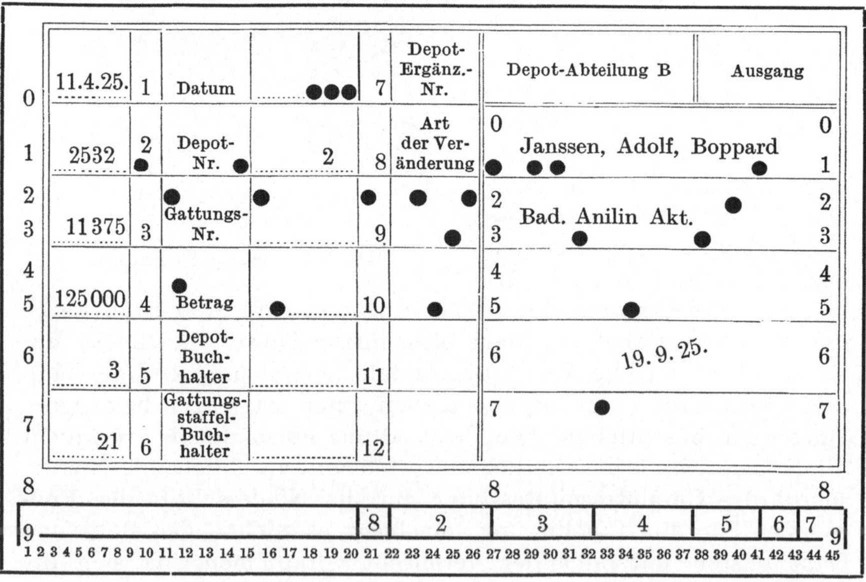

Formular 13.

Lochkarte für das Kontokorrent.

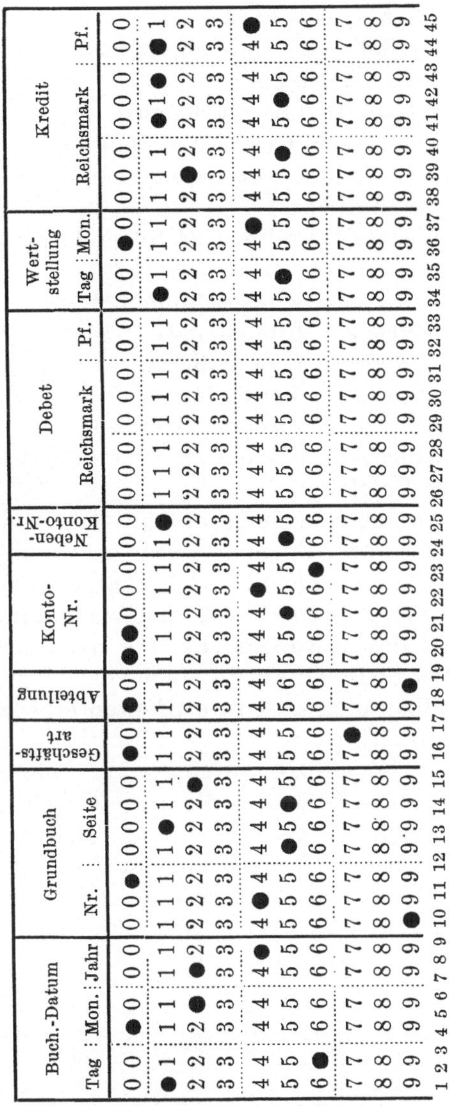
Buch.-Datum
Tag : Mon. : Jahr
Grundbuch
Nr. : Seite
Geschäfts-art
Abteilung
Konto-Nr.
Neben-Konto-Nr.
Debet
Reichsmark : Pf.
Wert-stellung
Tag : Mon.
Kredit
Reichsmark : Pf.

Formular 14.

Lochkarte für gemischte Konten.

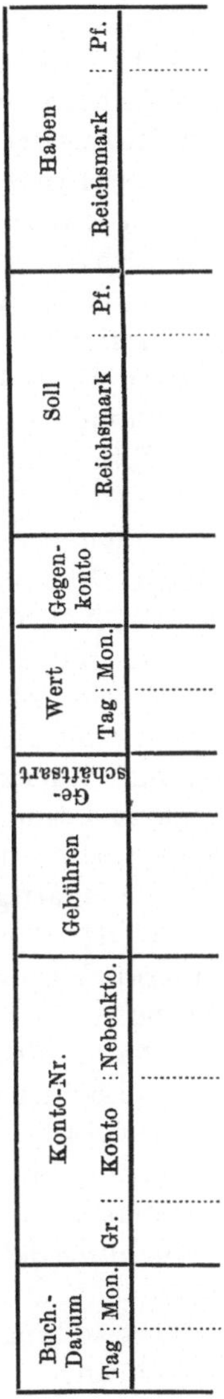
Buch.-Datum
Tag : Mon.
Konto-Nr.
Gr. : Konto : Nebenkto.
Gebühren
Ge-schäftsart
Wert
Tag : Mon.
Gegen-konto
Soll
Reichsmark : Pf.
Haben
Reichsmark : Pf.

3 Zahlenreihen für die Wertstellung,
3 Zahlenreihen für die Geschäftsart (Sachkonto),
6 Zahlenreihen für die Buchungsnummer,
6 Zahlenreihen für das persönliche Konto, Nummer der Kontogruppe, des Kontos und des Nebenkontos hierzu, z. B. Kontokorrentgruppe 6, Kontonummer 3150, Nebenkonto 6, etwa U. S. A.-Dollar,

2 Zahlenreihen für die Angabe der Währung,
je 11 Zahlenreihen für Soll- und Habenbeträge,
6 Zahlenreihen für das zu belastende,
6 Zahlenreihen für das zu erkennende Konto,
2 Zahlenreihen für die Art des Geschäftsvorfalles,
6—7 Zahlenreihen für die Kontokorrentnummer des Kunden,
8 Zahlenreihen für den Betrag.

Für die Kontrolle des Wechselverkehrs wird folgende Einteilung notwendig:

Datum des Eingangs,	Rimessennummer,
Nummer der Primanota oder des Einreicherzettels,	Rimessenart,
	Nominalbetrag,
Kontokorrentnummer des Einreichers,	Verfalldatum,
	Ausgangsdatum,

Nummer des Ausgangsbelegs bzw. Folio der Primanota,
Kontonummer des Empfängers.

Eine Karte für die Depotüberwachung enthält Angaben über das Eingangsdatum, die Art des Eingangs, die Lagerstelle, die Nummer des persönlichen und sachlichen Depotbuches, die Effektengattung, Stückzahl, den Nominalbetrag, evtl. die Zinstermine, das Ausgangsdatum und die Art des Ausganges. Für die Benutzung der Loch-, Sortier- und der Hollerith-Tabelliermaschinen verschlägt dieser verschiedenartige Kartenaufbau nichts, Schwierigkeiten ergeben sich nur bei der Power-Tabelliermaschine, wo für jede Kartenart ein besonderer Verbindungskasten eingesetzt werden muß. Durch Einführung eines Standardformulars für alle vorkommenden Geschäftsarten kann dieser Mangel behoben werden. Die am meisten angewandte Lochkarte für das Power-System weist folgende Einteilung auf (s. Form. 14):

Kontonummer (Gruppe, laufendes Konto, Nebenkonto),
Gebühren,
Buchungsdatum,
Geschäftsart,
Wertstellung,
Währung,

Kontokorrentkto Soll ⎫ In diese Spalten wird der jeweilige Netto-
　　„　　　„　　Haben ⎭ 　　　　betrag eingesetzt

Ein Vorteil der Power-Tabelliermaschine, der bei der Anlage der Lochkarte von Wert sein kann, besteht noch in der Tabellierung der Überlochungen. Während bei dem Hollerith-System diese nur für Sortierzwecke benutzbar sind, können sie bei Power auch von der Tabelliermaschine addiert bzw. subtrahiert werden. Dies ist dann von Bedeutung, wenn man bei Markbeträgen im allgemeinen mit 8 Stellen (also bis zu 999,999.90 M.) auskommen zu können glaubt, und nur gelegentlich Beträge bis zu 1,2 Millionen vorkommen, wo man nun die Überlochungen verwertet.

Sind die Karten einmal angefertigt, so lassen sich nach jedesmaliger Sortierung der Karten folgende Arbeitsgänge erledigen:

1. eine tägliche Primanota nach dem Buchungsdatum, damit also eine Umsatzbilanz,

2. eine spezifizierte Primanota nach der Primanotenspalte; das bedeutet die Einsparung jeder Art von Primanota,

3. eine Zusammenstellung sämtlicher zu belastenden und

4. eine solche sämtlicher zu erkennenden Konten,

5. die Ausscheidung einer besonderen Kontengruppe, etwa zur Kontrolle des Saldos,

6. eine Zusammenstellung nach dem Verfalltage.

Im einzelnen bedeutet das weiterhin die Möglichkeit zur Herstellung:

1. eines täglichen Kontenauszuges für jedes Konto. Zu diesem Zwecke wird eine besondere Saldenkartothek aus Lochkarten angelegt, die stets den neuesten Saldo der Kontokorrentkorrents ausweisen. Die Lochkarten des laufenden Buchungstages werden nach der Kundennummer geordnet, gleichnummerige entnommen und mit der Saldenkarte des letzten Umsatztages und einer Zwischenadditionskarte zu einer Gruppe vereinigt. Die Tabelliermaschine liefert nun einen Auszug mit dem alten und dem neuen Saldo. Von letzterem wird eine neue Lochkarte angefertigt, die der Saldenkarthothek einverleibt wird;

2. täglicher Saldenlisten. Als Unterlage dienen die neuen Saldenkarten, die nach Kontokorrentgruppen geordnet werden. Die Zusammenstellungen der Tabelliermaschine gehen gruppenweise an die Disponenten und das Kreditbüro;

3. genauer Ein- und Ausgangslisten für die Scheck- und Wechselkontrolle. Es erfolgt Sortierung nach der Beleg- bzw. Rimessennummer. Der zwischen Ein- und Ausgang verbleibende Saldo ergibt den Portefeuillebestand;

4. einer täglichen Verfallkontrolle für Tratten und Akzepte. Maßgebend ist hier die Verfallspalte; gleiche Verfalltage werden von der Tabelliermaschine zusammengestellt und gelangen zum Verfallkontrollbuch, dem sie einverleibt werden;

5. von Zinsstaffeln. Sie können bei Sparkassen usw. nach den Saldenkarten angefertigt werden, wenn Buchungs- und Verfalltag übereinstimmen, sonst muß auf die Umsatzkarten des laufenden Verkehrs zurückgegriffen werden. Nach diesen wird dann der Staffelknecht angefertigt, der die Einzelumsätze und deren tägliche

Salden enthält. Nach diesen werden auf der Staffelmaschine die Summe der Salden und danach die der Zinszahlen errechnet;

6. von Bestandaufnahmen jeglicher Art entsprechend Nr. 3;

7. von Skontren zum Effekten- und Devisenkonto, wenn man in die Lochkarte auch Nominalbeträge aufnimmt u. a. m.

Die auf der Maschine zu erzielenden Durchschnittsleistungen gehen aus Formular 15 hervor, auf das hiermit noch besonders hingewiesen sei.

C. Vergleich und Kritik der Verrechnungsmaschinen.

Die bisherige Darstellung zeigte die Verwendungsmöglichkeit von Maschinen für jede einzelne Arbeitsart; es kommen in Frage:

1. Für die laufende Arbeit:

a) in Abteilungen mit geringer textlicher Spezifizierung (Kasse, Giro, Abrechnung) die Registrierkassen, die National-Saldiermaschine,

b) in Abteilungen mit geringer Nebenkontenspezifikation (Kontokorrent, z. T. Wechsel) die Großaddiermaschine, die Ellis,

c) in den Spezialabteilungen (Devisen, Effekten) besonders die Moon Hopkins und die anderen rechnenden Schreib- und kombinierten Schreib- und Rechenmaschinen.

2. Für die kontrollierende Arbeit:

für Umsatzkontrollen die Großaddiermaschine, die Ellis, Power und Hollerith; die Prüfung der konten- und vertragsmäßigen Richtigkeit kann nur von der Maschine vorbereitet und erleichtert, nicht übernommen werden.

3. Für die bilanzierende Arbeit:

a) zur Staffelanfertigung die Großaddiermaschine, die Ellis, Moon Hopkins, Power und Hollerith,

b) zur Bilanzanfertigung die Großaddiermaschine, die National-Saldiermaschine, Power und Hollerith.

So kann also jede mechanische menschliche Arbeitsverrichtung von den Maschinen übernommen werden; für den eigentlichen Beamten bleiben nur Dispositions- und Bilanzarbeiten übrig, so daß eine reine Scheidung zwischen geistiger und mechanischer Betätigung erzielt wird. Die letztere in der Anfertigung der Buchungen auf Maschinen bestehende wird restlos mechanisiert und kann von gut angelerntem Hilfspersonal verrichtet werden. Die Anwendung mechanischer Hilfsmittel bedeutet also Befreiung des qualifizierten Fachpersonals von der mechanischen Arbeit und dessen Verwendung für neue gewinnbringendere Arbeiten im Betrieb (Betriebskalkulation und Statistik) und entspricht somit in allen Teilen der geschichtlich bekannten Arbeitsverschiebung durch die Maschinen.

Für den Betrieb selbst ergeben sich Vorteile hinsichtlich Sicherheit, Schnelligkeit, Deutlichkeit und Billigkeit. Die Sicherheit der Arbeitsabwicklung ist bei vollwertigem Hilfspersonal gewährleistet

1. durch die maschinelle Erfassung der Rechenarbeiten,

2. durch mechanische Kontrollen, die die Maschine aus sich bietet, wie Klarsterne und sonstige den Posten vor- und nachgesetzte Zeichen (besonders bei der Großaddiermaschine, der Elliott Fisher und Moon Hopkins), die dem kontrollierenden Beamten den vorhergegangenen Arbeitsgang der Maschine anzeigen, ferner durch Sperrungen des Mechanismus bei falscher Handhabung der Maschine durch den sie bedienenden Beamten. Von der Maschine nicht kontrollierbare Buchungsfehler werden mit zunehmender Vertrautheit mit der Maschine schon in Wegfall kommen und können durch Kontrollmaschinen (siehe im folgenden) aufgedeckt werden. Durch dauernde gleichförmige Beschäftigung an den Maschinen hervorgerufene Ermüdungserscheinungen werden durch psychotechnische Arbeitserleichterungen nach Taylor-Gilbrethschen Grundsätzen auf ein Minimum herabzumindern sein. — Die dem manuellen Verfahren anhaftende Schwerfälligkeit der Arbeitsabwicklung kommt ohne weiteres durch die jeder Schreibmaschine in höchstem Maße innewohnende Anwendungsmöglichkeit des Durchschreibeverfahrens in Wegfall, wodurch allerdings eine neue Buchhaltungsform erforderlich wird (s. u. Durchschreibeverfahren). Die Deutlichkeit dieser neuen Form wird nach Wegfall der Bindung des Buchungsvorfalles an die Handschrift des Beamten durch Maschinen und Formulare gleichzeitig verbürgt. Die Billigkeit des Verfahrens geht aus der Zusammenstellung auf Formular 15 hervor, die Leistungen aus Betrieben enthält, die durch die nicht restlose Ausnutzung der maschinellen Energien die persönlichen zu stärken und zu erhalten bestrebt sind.

Nach Feststellungen von Obst[1]) wurde beim manuellen Verfahren für die Erledigung eines Zahlungsauftrages von 26 Minuten Bearbeitungszeit 10 Minuten für Primanoten und Kontokorrent verwandt. Berücksichtigt man nun, daß beim maschinellen Verfahren stets 3—4 Arbeitsgänge gleichzeitig erledigt und damit bestimmt die Hälfte des Personals eingespart werden kann, so bieten selbst die hohen Anschaffungskosten (rechnende Schreibmaschinen zwischen 3—7000 M., das Power-System ca. 38 000 M.) bei einer mindestens 6—8 jährigen Lebensdauer der Maschinen immerhin noch eine bequeme Amortisationsmöglichkeit. Deutliche Abnutzungserscheinungen zeigten im allgemeinen nur die Rechenwerke der rechnenden Schreibmaschine nach 2—3 jährigem Gebrauch. Bei den Großaddiermaschinen

---

[1]) a. a. O. S. 84.

ist die genannte Lebensdauer eher zu gering angesetzt, bereits vor dem Kriege eingeführte Elliott-Fisher-Maschinen ohne Rechenvorrichtungen leisten heute noch dieselbe Arbeit wie vor 11 Jahren. Wie sich die komplizierteren Systeme (Underwood, Moon Hopkins, Power) halten werden, muß die Praxis zeigen; bis heute, nach ca. 1—2 jährigem Gebrauch, wurden sozusagen keine Klagen laut. Nach Berücksichtigung aller Unkosten, Abschreibungen usw. wird bei vorsichtiger Schätzung mit einer jährlichen Aufwandersparnis von 40—70 % zu rechnen sein. Bei all diesem kann jedoch nicht genug betont werden, daß die Maschinen ihre volle Produktivität erst entfalten, wenn sie mit dem Betriebe zu einem organischen Ganzen verbunden sind, daß also die Hauptbedeutung in der Anwendung der neuen Buchungsmöglichkeiten zu erblicken ist, die das äußere Bild einer Bank vollständig umgestalten.

Formular 15.

Erzielte Leistungen je Stunde auf den einzelnen Maschinensystemen.

Maschinen	Art der Arbeit				
		Laufende		Kontrolle	bilanzier.
	Kasse, Giro	Effekt., Devisen	Wechsel, Kto-Korr.		
Groß-Add.-M.	—	—	— 120	250	180
Registr.-Kass.	140	—	140 —	200	—
Smith-Ier.	60	50		—	—
Elliott Fisher	65	55	50 55	—	—
Ellis	70	—	70 50 120	220	140
Underwood	60	—	65 —	—	—
Moon Hopkins	70	—	65 —	—	120
Power-Hollerith					
Lochmasch.	150—250				
Sortierm.	15 000—18 000	Karten			
Tabellierm.	3 600—4 500				

III. Organisationsprinzipien für den Gesamtbetrieb auf Grundlage der Maschinenverwendung.

Die Einführung der Maschinen brachte zunächst eine erweiterte Anwendung des Durchschreibeverfahrens. Hinsichtlich der Art der Einordnung der Maschinen in den Gesamtbetrieb ließ die Tätigkeit der Organisatoren zwei Hauptmethoden erkennen, die sich untereinander nur durch die Stellung des Kontokorrents je nach dessen gleichzeitigen oder davon getrennten Anfertigung mit der Primanota unterscheiden.

A. Das Durchschreibeverfahren.

1. Begriff und Verfahren.

Um die durch den Ausbau des Durchschreibeverfahrens hervorgerufenen Änderungen richtig zu erfassen, muß auf die früher befolgte Methode kurz hingewiesen werden. Das Rückgrat war das amerikanische Tabellenjournal, das entweder sämtliche im ganzen Betriebe oder nur die für die bestimmte Abteilung benötigten Konten in kolonnenförmiger Anordnung aufwies. Aus diesem Journal wurden sämtliche lebenden und ein Teil der Sachkonten in feste Bücher übertragen und abgestimmt, nachdem zuvor zu jeder eine Veränderung auf einem persönlichen Konto betreffenden Buchung eine Anzeige angefertigt worden war. Sämtliche dieser Teilarbeitsgänge mußten von besonderen Arbeitskräften vorgenommen werden, ohne daß die Arbeit einen besonderen Charakter gehabt hätte. Buchungstext und -zahlen waren die gleichen. Das Durchschreibeverfahren faßt diese vordem getrennt erledigten Vorgänge zusammen und bearbeitet sie gleichzeitig, eine Möglichkeit, die sich ohne weiteres aus dem gleichen Buchungstext und der stellenweise enormen Durchschlagskraft der Schreib- oder Verrechnungsmaschinen ergibt. Die auch für Bankbetriebe geeigneten manuellen Durchschreibeverfahren interessieren in diesem Zusammenhange nicht. Aus dieser Darstellung der Methode des Durchschreibeverfahrens ergibt sich das Folgende:

1. Für jeden Teilvorgang einer Buchung wird ein Formularsatz angefertigt, dessen Blätter den Buchungen in den früheren Nebenbüchern entsprechen.

2. Die früher zusammenhängende Journalisierung per Konto X an Konto Y wird in zwei getrennte Buchungen zerlegt. Es heißt

also jetzt per Konto X auf einem, an Konto Y auf einem anderen Zettel des Formularsatzes.

3. Es werden neben den internen Buchungen die Anzeigen an die Personenkonteninhaber und, falls man auf Anfertigung von Preßkopien verzichten will, Durchschläge der Anzeigen für die Registratur angefertigt.

Neben dieser Festhaltung des Textes wird die Errechnung des Gesamttagesumsatzes wesentlich erleichtert. Hierfür sind zwei Hauptmethoden vorhanden:

1. Die Beträge auf den die Teilbuchungen verkörpernden Zettel werden auf Großaddiermaschinen zusammengestellt. Zur Kontrolle bearbeitet die eine Maschine nur die persönlichen, die anderen nur die sachlichen Konten, oder die eine nur die Soll-, die anderen nur die Habenposten. Etwaige Fehler, die aber bei diesem Verfahren weit seltener sind, als es auf den ersten Blick erscheinen mag, werden dadurch sofort aufgedeckt. Damit fällt auch die Festbuchform.

2. Man verwendet die von Schigut[1]) propagierte Kontenjournalmethode. Sie besteht in der schon früher gebräuchlichen weitgehenden Zerlegung der Primanoten in eine Reihe von Journalen, die z. T. Kontencharakter angenommen haben. Vermittels der Vorsteckeinrichtung werden diese bis zur völligen Bebuchung in der Maschine belassen, die Einzelbuchungen erscheinen als Einzeldurchschlag des Textes auf den Formularsätzen; die Kontenadditionen gehen bei Verwendung von Schreibmaschinen mit Rechenvorrichtung aus den Zählwerken hervor.

Neben dem Wegfall der festen Bücher für die Skontren muß auch für das Kontokorrent das Loseblattbuch verwandt werden, da dieses in die Durchschreibung mit einbezogen wird. Die flachschreibende Maschine gestattet infolge ihrer hohen Durchschlagskraft statt Blättern die Verwendung von Karten. Diese Umordnung hat folgende Wirkungen:

1. Die Ersetzung des Tabellenjournals durch andere Hilfsmittel räumte mit der Unübersichtlichkeit in der Anordnung der Einzelbuchung auf, die nicht zum kleinsten Teil auch auf die Unhandlichkeit der großen Journalbogen zurückzuführen war, mit deren Wegfall zugleich der ständige Einwand gegen das amerikanische Journal mit seiner Raumausnutzung von nur 10% beseitigt ist.

2. Die Abkehr von dem starren System der gebundenen Bücher bedeutet die Möglichkeit einer elastischeren Arbeitsverteilung gegenüber der oft schematisch wirkenden Einteilung der Pensen vorher.

3. Alle Fehlerbildungen, die sich aus dem oftmaligen Hin- und Herbuchen der gleichen Posten ergaben, werden verhütet.

---

[1]) A. a. O. S. 11.

Daraus ergibt sich weiterhin eine wesentliche Vereinfachung des Kontrollapparates. Während vordem hinter jede Einzelübertragung persönliche Kontrollen eingreifen mußten, erstrecken sich diese heute nur noch über den ersten Slip eines Formularsatzes. Ist dieser richtig, so kontrollieren sich alle anderen Teilbuchungen automatisch. Das Gleiche gilt von der Abstimmung der Umsatzadditionen, deren Richtigkeit entweder durch Verwendung von zwei verschiedenen Maschinen garantiert wird oder sich aus dem Zählwerk automatisch ergibt.

4. Betrieben, deren Kontierungsmethoden die gleichen sind, wie Filialen der gleichen Großbank, Sparkassen mit derselben Girozentrale, Genossenschaften, die eine gemeinsame Verrechnungsstelle haben, wird die Möglichkeit gegeben, einander Buchungsarbeit vorzuleisten. So kann der die erste Kontierung Vornehmende dem Adressaten neben seiner Aufgabe gleich deren Bestätigung, bei Begünstigung oder Belastung eines Dritten Aufgabe und Bestätigung für diesen, zu beiden Durchschläge als Belege für das tote, das lebende Konto, die Skontren, die Registratur u. a. m. mit anfertigen. Bei diesem Verfahren wird im allgemeinen die Journalisierungsmethode unter Verwendung von Großaddiermaschinen benutzt. Daß sich diese Methode der gegenseitigen Arbeitsvorleistung auf sämtliche Bankbetriebe übertragen ließe, wenn diese nur wollten, bedarf keiner weiteren Begründung; Voraussetzung ist lediglich die Angleichung der Betriebsmethoden.

2. Sicherungsmaßnahmen und Formulartechnik.

Die genannten Vorteile dieser Methode, wie Einsparung von Kontrollstellen, Verhütung von Fehlerquellen, Arbeitsersparnis im internen Verrechnungsverkehr großer Institute mit Filialbetrieb, liegen auf der Hand. Diese Betriebsauffassung mit ihrem Abbau der festen Bücher und der Auflösung des ehedem geschlossenen Buchungssatzes in zwei voneinander unabhängige Teile weist bei ihrer enormen Elastizität unverkennbare Schattenseiten auf. Diese bestehen teils in solchen, die gegen die innere Geschlossenheit der Belege des Gesamtbuchungsvorganges sprechen, und in solchen, die in durchgeschlüpften Buchungsfehlern bei der ersten und einzigen Fixierung der wesentlichen Bestandteile des Buchungstextes zu erblicken sind. Um den hierdurch möglichen Fehlerquellen begegnen zu können, wird eine neue Einstellung zum Formularaufbau und zur Buchungskontrolle notwendig. Die bisher vorhandenen Einrichtungen lassen sich wie folgt zusammenfassen:

a) Kontrollen durch Durchregistrierung:

1. Kontennumerierung,

2. Kontrolle des Formularverbrauchs;

b) Vorrichtungen zur Sicherung des Einzelfalles:

1. Kontrolle über den Formularlauf,

2. Formulartechnik;

c) laufende Überwachung des Kontokorrents durch den täglichen Auszug.

a) Die Durchregistrierung im Betriebe.

Sie äußert sich zunächst

1. in der Durchnumerierung der Sach- und Personenkonten, die bei Anwendung von nicht textschreibenden Maschinen (Großaddiermaschine, Registrierkasse, Power) unumgänglich, bei den anderen Systemen angebracht ist. Zur Anwendung gelangt hauptsächlich ein mechanisches Verfahren und ein solches mit psychotechnischem Einschlag. Das erstere besteht darin, daß die Personenkonten in eine Reihe von Untergruppen zerlegt und die Einzelkonten innerhalb dieser fortlaufend durchnumeriert werden. An Untergruppen werden etwa folgende gebildet: Gruppe I—III Inlandskunden, Gruppe IV Auslandskunden, Gruppe V Konto pro diverse und Abrechnung, Gruppe VI eigene Filialen, Gruppe VII Inlandsbanken, Gruppe VIII Auslandsbanken, Gruppe IX Beamtenkonten. Eine X. Gruppe umfaßt sodann sämtliche tote Konten, die man entweder alphabetisch oder nach ihrer Bedeutung für den Betrieb anordnen kann. Benötigt werden hierfür im allgemeinen 5 Stellen, da wohl nie eine Gruppe 10000 Konten enthalten wird. Konten, die neben dem laufenden Konto geführt werden, bezeichnet man mit Unternummern, zu B. VI/50/3 bedeutet Gruppe VI, Kundennummer 50, Nebenkonto 3 (etwa Dollarkonto). Bei Verwendung des Power-Verfahrens sind hierdurch 1—2 weitere Stellen für die Kontenbezeichnung zu reservieren. Schwierigkeiten wird bei diesem Verfahren die Auffindung der einzelnen Nummern machen, es ist nur möglich, sie mechanisch auswendig zu lernen, was bei großen Konten mit täglichen Umsätzen allerdings sehr schnell gehen kann.

Unter dem Motto: „Jede Kundennummer auswendig", empfiehlt Dalichau[1]) folgendes Verfahren. Er teilt die Konsonanten des Alphabetes in 10 Gruppen, die jeweils gleichklingende Zeichen enthalten (so Gruppe 1 d, t, th, Gruppe 2 g, k, c, ck usw.). Vokale bleiben unberücksichtigt. Er setzt die Kundennummer nun aus dem ersten Konsonanten des Vornamens, den drei ersten des Familiennamens und den beiden ersten des Ortes bzw. bei Platzkunden der Straße zusammen. Er kommt somit zu 6stelligen Kontenbezeichnungen, zu denen unter Umständen eine weitere Stelle bei zufällig

---

[1]) A. a. O. S. 206.

ǥleichklingenden Namen käme, was bei Verwendung der Power oder
Hollerith einer Belastung der Lochkarte mit 7 Stellen für die
Kontonummer entspräche. Vorteile dieser Methode sind die un-
beschränkte Modifizierungsmöglichkeit und die Gewißheit, die Rich-
ṫigkeit der Kontennummer jeden Augenblick an Hand des Schlüs-
sels kontrollieren zu können.

2. Der Kontrolle unterliegt fernerhin der Formularverbrauch für
die Hauptgeschäftsfälle, in erster Linie der der Kontokorrentblätter.
Jedes neu auszuhändigende Kontoblatt oder jede neue Kontokorrentkarte muß von dem entsprechenden Buchhalter quittiert
werden, so daß über den Verbleib der Kontoblätter ein genauer
Nachweis möglich ist. Dieser ist nach der laufenden Kartennummer,
die sogenannte tote Kartenkontrolle, und nach dem lebenden Konto
zu führen, für das die Karte benutzt werden soll. Hierbei empfiehlt es
sich, die genaue Zeitspanne zu erfassen, denen die Karten zugrunde
lagen, fernerhin den genauen Anfangs- und Endsaldo jeder Karte
festzuhalten. Durch diese Registrierung, die Aufgabe des verant-
wortlichen Abteilungsleiters zur Gewährung einer größten Gewissen-
haftigkeit ist, werden Elastizität des Geschäftsganges und Genauig-
keit im einzelnen wieder miteinander durch ein gegenüber den
festen Büchern allerdings unsichtbares Band verbunden. Dieses an
sich ziemlich Zeit und Energie benötigende Verfahren wird in den
meisten Betrieben durch eine besondere Registrierung der täglichen
Auszüge umgangen (s. u.).

b) Formularlauf und Formularaufbau.

Vorrichtungen zur Erhaltung der Übersicht über den in seine
buchhalterischen Bestandteile zerlegten Einzelfall bestehen zunächst

1. in Kontrollen über den Formularlauf, die eine restlose Übersicht zur sicheren Weiterleitung der Einzelformulare gewährleisten,
ferner in solchen, zur Erleichterung der Auffindbarkeit der „wandernden" Unterlagen (Kontokorrent, Sachkontenbelege, Depotblätter).
Erfolgreich gegen das Abhandenkommen einzelner angefertigter
Formulare und Formularsätze wurden die im manuellen Buchungsverfahren bereits benutzten Verteilungsregale angewandt. Sie sind
nach dem Koordinatensystem aufgebaut und tragen auf der Senk-
rechten die Bezeichnungen der Sach- und auf der Wagerechten die der
Personenkonten. Das ausgebauteste System dieser Art, die Glocothek
(s. Abb. 21), verteilt auf der Horizontalen die Haben-, auf der Vertikalen die Sollposten und vermag so außerdem eine wertvolle Bei-
hilfe für die Gewinnung von Bilanzzahlen zu sein[1]. Die Vorordnung
der Belege auf einem verhältnismäßig engen und abgeschlossenen

---

[1] Näheres das Geschäft a. a. O.

Raum macht, wie die Erfahrung der Praxis zeigt, Verluste und damit verbundene Unstimmigkeiten zur Seltenheit.

Für die rasche Auffindbarkeit der Kontokarten sind verschiedene, zum Teil auf ausländischen Erfahrungen aufgebaute Registriermethoden im Gebrauch. Zu unterscheiden sind Karteien und Loseblattbücher. Zu den ersteren Organisationsbehelfen gehört z. B. das Farp-Index-Tafelsystem, dessen Karten auf übersichtlichen Drehständern oder in Wandschränken schuppenförmig so angeordnet sind, daß nur die Kartenköpfe sichtbar bleiben. Zu Kontroll- oder Buchungszwecken werden die Karten entnommen und nach der Bearbeitung in ein leeres Gefach eingeordnet, wo sie bei weiterer Benötigung sofort greifbar bleiben. Fehlende Karten sind durch bestimmte Zeichen auf dem vergrößerten Zwischenraum gekennzeichnet. Eine Verbindung von Loseblattbuch und Vertikalkartothek stellt das Visiblex-System dar, das in Bankbetrieben gleichfalls in der Kontokorrent-, Depot- und Sachkontenabteilung Eingang gefunden hat. In seiner Wirkung entspricht es dem obengenannten Verfahren. Betriebe, die bei der alten Einordnung der Karten in Kasten oder gewöhnlichen Loseblattbüchern bleiben wollten, halfen sich durch Ausstanzung von Kontrollnummern am oberen Rande der Karten (vgl. Formular 2), zu welchem für jede Tausender- und Hunderterstelle, außerdem für jede 25 Konten unter Hundert ein besonderes Feld markiert ist. Im vorliegenden Beispiel ist die dritte Tausend-, die vierte Hundert- und die zweite 25er Gruppe ausgestanzt, so daß die Karte nur in die Kontengruppe 3426—50 hineinpaßt, eine Verwechslungsmöglichkeit beim eiligen Ablegen nur innerhalb dieses relativ engen Spielraumes besteht und falsch abgelegte Karten aus anderen Gruppen sich ohne weiteres durch Fehlen der richtigen Stanzöffnung kennzeichnen. Ein weiterer Behelf erleichtert die Auffindung der bereits vom Disponenten am laufenden Buchungstag auf Deckung untersuchten Konten. Er besteht in zwei Ausbuchtungen am unteren Rande der Karte, die in Laufschienen auf dem Boden des zur Aufbewahrung dienenden Kastens eingreifen. Bei Befestigung der Karte an der A-Öffnung liegt die Karte in der normalen Reihenfolge. Hat der Disponent auf Grund genügender Deckung die Buchung bewilligt, so befestigt er die Karte an der B-Öffnung, jene ragt somit seitlich aus dem Kasten heraus. Konten, bei denen dies unterlassen wurde, werden durch Vorhandensein eines Buchungsslips ohnehin zur Buchung herangezogen; in Fällen, wo der Slip irgendwo „hängen"blieb, wird die Karte zum Mahner. Als geschickter Notbehelf zur Arbeitsbeschleunigung ist dies Verfahren nicht von der Hand zu weisen. Zur Kontrolle der wandernden Unterlagen müssen während des Geschäftsbetriebs beim Konten-

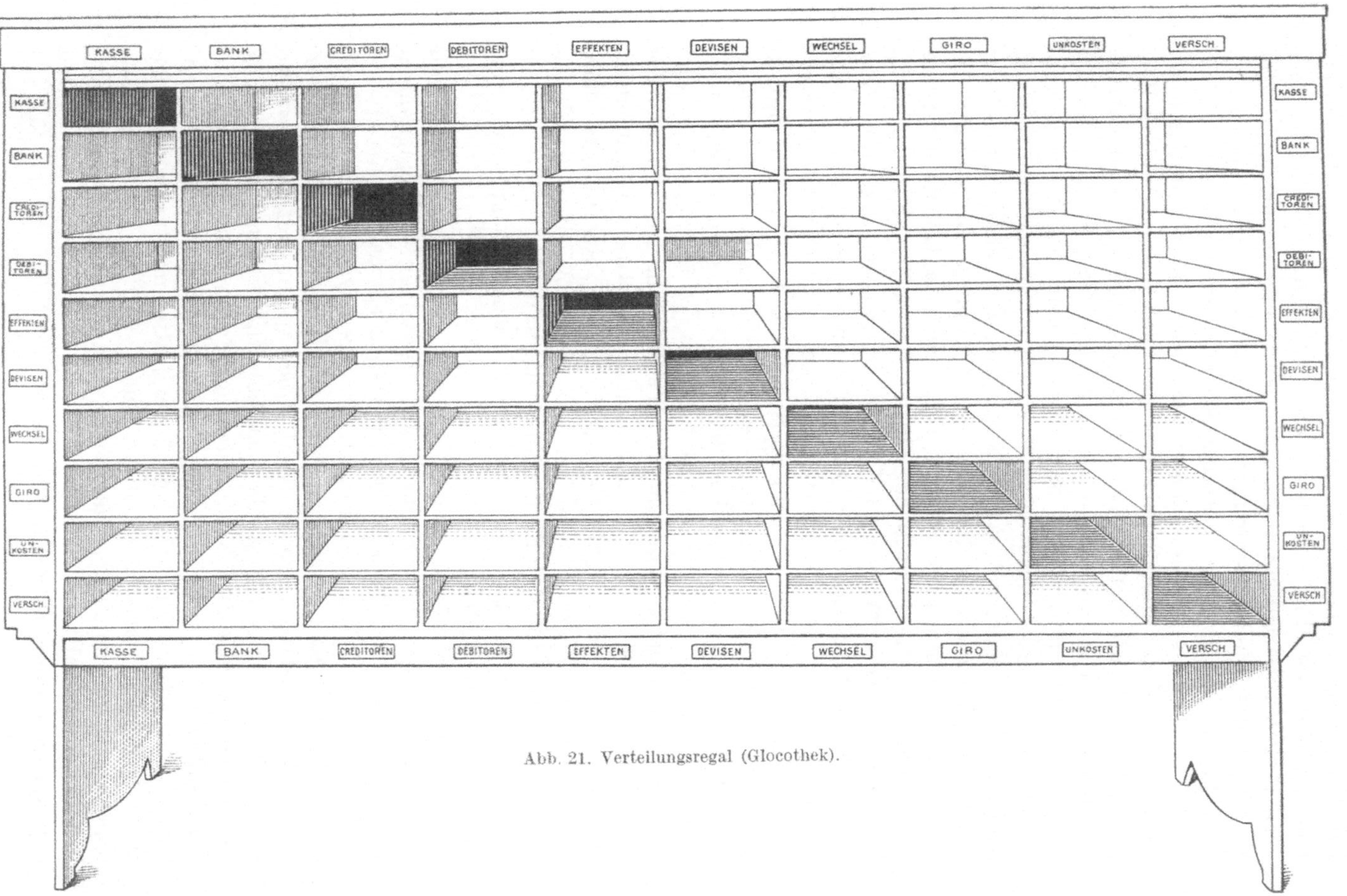

Abb. 21. Verteilungsregal (Glocothek).

halter entliehene Karten regelmäßig quittiert werden, wodurch ein jederzeitiger Überblick über den Verbleib möglich ist.

2. Neben einer Durchnumerierung der Formulare zur abgekürzten Erfassung des Buchungsvorfalles mußte eine zweckentsprechende Formulartechnik für die Unterlagen der Verkehrsabteilungen die Sicherheit einer geringsten Fehlermöglichkeit beim Anfertigen der Buchungen selbst bieten. Zunächst fiel das nach Vorbild des Tabellenjournals aufgebaute Soll-Habenformular weg, jedes Formular durfte nur noch zur Buchung auf einer Seite des Hauptbuches benutzt werden. Wird gleichzeitig mit der Anzeige das Kontokorrent gebucht (s. u. eingängiges Arbeitssystem), so benutzt man zweckmäßig z. B. bei einer Kontokorrentbelastung den auf der Habenspalte des Kontokorrents liegenden Teil des Formulars zur Angabe des Textes, wie auf Formular 32—33 z. B. Reichsbankgiroüberweisung. Dieses Verfahren liegt sämtlichen von der Union-Zeiß, Frankfurt a. M., für die Elliot-Fisher-Maschine gelieferten Formularen zugrunde. Beim zweigängigen Arbeitssystem (s. S. 65 f.) genügt eine genaue Aufeinanderbefestigung der Formulare und die Zerlegung der Kontenjournale in solche für Soll- und Habenposten. Eine weitere Zweckmäßigkeit besteht im Übergang vom Vertikal- zum Horizontalformular, der notwendig wird bei der Anwendung von rechnenden Schreibmaschinen, um deren Zählwerkskapazität bequemer und sicherer ausnutzen zu können. Bei Verwendung im zweigängigen Arbeitssystem lassen einzelne Maschinen eine Umgehungsmöglichkeit zu (vgl. Formular 9, 10, 16, 17, 27, 41—47). Im übrigen empfiehlt sich der Übergang schon aus Gründen der Zeit- und Arbeitsersparnis, wenngleich sich für die Neuerung in der ersten Zeit seitens der Kundschaft infolge der schwierigen Registrierung wenig Verständnis verspüren ließ.

Ein guter Organisationsbehelf besteht in der Verwendung von bestimmten Farben für die einzelnen Abteilungen und prägnantem Farbdruck, für Soll etwa schwarz, für Haben rot usw.

Fehlerquellen können sich im Durchschreibeverfahren auch noch ergeben, wenn das Zwischenlegen von Kohlepapier unterlassen wurde. Dieser Mangel wurde durch Übertragung der Kopiermasse auf die Rückseite der Formulare zu beseitigen versucht. Vorläufig weist dieses sogenannte Karbonisierungsverfahren noch einige Unvollkommenheiten auf, die sich mitunter in der leichten Verwaschbarkeit der letzten Durchschläge äußert. Hier müßten noch einige Mittel erfunden werden, um diese Durchschriften, denen oft nur nebensächliche Bedeutung zukommt, etwa durch Fixieren, gleichfalls unbedingt haltbar zu machen. Es versteht sich von selbst, daß mit der Karbonmasse nicht die ganze, sondern nur die für das

Tägliche Auszugsformulare.

Formular 16.

Auszug mit Zinszahlen für Sparkassen.

Konto-Nr.		Nr. des Auszugs					
Konto:		Adolf Janssen, Boppard.					
					Boppard, den		
Buch.-Dat.	Vorfall	Soll	Haben	Valuta	Soll Zinszahlen	Haben

Formular 17.

Mit der Ellis anzufertigender Auszug.

Konto-Nr.		Nr. des Auszugs		
Konto:		Friedr. Kern, Köln.		
			Köln, den	
Dat.	Vorfall	Soll	Haben	
	heutige Addition			
	letzte „			
	verbleibender Saldo			

Formular 18.

Mit den rechnenden Schreibmaschinen anzufertigender Auszug.

Konto:				Friedr. Klein, Köln.							Kto.-Nr. Kontr.-Zettel	
Alter Saldo		Dat.	Nr.	Text	Bch. Nr.	Kto. Nr.	Val.	Umsätze		Neuer Saldo		Neuer Saldo	
Soll	Haben							Soll	Haben	Soll	Haben	Soll	Haben
M. Pf.	M. Pf.							M. Pf.	M. Pf.	M. Pf.	M. Pf.	M. Pf.	M. Pf.

folgende Formular in Frage kommende Schriftzeile zu versehen ist. Der buchtechnische Ausbau des Formularwesens gelangt im folgenden unter Abschnitt IV zur Darstellung.

c) Das System der täglichen Kontokorrentauszüge.

Das letzte Glied in der Sicherungskette zur Erhaltung der Übersicht über das Kundengeschäft besteht in der Überwachung des Kontokorrents vermittels des Systems der täglichen Auszüge, durch das der Kunde in den Kreis der Bankkontrolle mit einbezogen wird. Es besteht darin, daß statt der bisherigen periodischen Kontoauszüge dem Kunden für jeden Umsatztag entsprechend dem Verfahren des Postscheckamtes eine zusammenhängende Übersicht der getätigten Geschäfte übersandt wird. Dieser Auszug enthält als Anlagen die nur noch mit der Unterschrift des Kontrolleurs versehenen Einzelavise der an dem Kontoumsatz beteiligten Verkehrsabteilungen. Erleichtert wird die Zusammenstellung der Anzeigen durch das erwähnte Verteilungsregal. Jeder Korrespondent entnimmt diesem die für ihn bestimmten Unterlagen und und stellt nun mit einer rechnenden Schreibmaschine den Tagesauszug her (s. Formular 16—18). Er enthält zunächst den Saldo des Vortages, hinzu kommen die Soll- und Habenumsätze entsprechend den Anzeigen der Verkehrsabteilungen; zuletzt wird der neue Saldo festgelegt. Nur dieser Auszug trägt die verbindlichen Unterschriften der Bank; die Unterschriften der Anlagen werden, wie oben gezeigt, eingespart. Zum Periodenultimo erhält der Kunde nur noch die Staffel. Ein Durchschlag bzw. eine Preßkopie des Tagesauszugs gelangt als Unterlage für spätere Reklamationen zur Revisionsabteilung. Betriebe, die eine Registrierung der Kontokorrentkarten vermeiden wollen, legen auf die sorgfältige Aufbewahrung dieser Kontenauszugsduplikate, denen als Beweismittel eine viel größere Bedeutung zukommt als einer ohne verbindliche Zeichnung der Bank entstandene Kontokarte, den allergrößten Wert.

Durch die Einführung des Systems der täglichen Auszüge hat die Praxis glänzend die Frage gelöst, alle Unebenheiten auf dem Konto spätestens 3 Tage nach Anfertigung des Buchungssatzes glatt zu haben, außerdem den größten Teil der Massenarbeiten des Kontoabschlusses auf die laufende Periode verteilt und so ohne Mehrarbeit Arbeitshäufungen umgangen.

B. Die Einordnung der Maschinen in den Betrieb.

Bei der Einführung der Maschinen ist zu bedenken, daß allein die verbuchende Tätigkeit von Maschinen übernommen, die vorbereitende der Kontierung durch maschinelle Hilfsmittel nur erleichtert werden kann. Daraus ergibt sich die Möglichkeit zur Bewahrung der betrieblichen Eigenart, die man sich bei einer Umstellung im allgemeinen erhalten möchte. So bleiben bewährte Betriebsmethoden als auch die Anordnung der Betriebsgruppen in den vorhandenen Räumlichkeiten bestehen. Organisatorisch folgt daraus die Möglichkeit, den Buchungsgang wie früher zentralisiert oder dezentralisiert aufzuziehen. Die Entscheidung über die Anwendung des einen oder des andern Organisationsprinzips, „das Geheimnis für eine rationelle und zweckmäßige Ausnutzung der Maschinen"[1]), ist eine Frage nach der Größe des Betriebs und eine solche nach den räumlichen Gegebenheiten. Die rationelle Zentralisierung des Buchungsvorganges unter Maschinenverwendung bedeutet nämlich die Erledigung der gesamten verbuchenden Tätigkeit von der Grundbuchung bis zur Kontokorrenteintragung in einem Arbeitsgange (eingängiges Verfahren), und das erfordert eine organische Gruppierung der Verkehrsabteilungen um das Kontokorrent. Dieses Verfahren erfordert also verhältnismäßig günstig zueinander liegende Räumlichkeiten, um Zeitverluste zu vermeiden, da im allgemeinen alle Buchungen des laufenden Geschäftes, z. B. des Kassenverkehrs, leicht zum Kontokorrent geleitet und hier zuerst bearbeitet werden müssen. Außerdem darf die Durchschnittspostenzahl des Betriebes täglich 2000 nicht übersteigen, da bei starker Geschäftsspezialisation leicht eine gegenseitige Behinderung der einzelnen Betriebsgruppen eintreten kann.

Sind diese Voraussetzungen nicht gegeben, so wird die Dezentralisierung des Buchungsvorganges vorzuziehen sein, durch die die verbuchende Tätigkeit in zwei Arbeitsgänge zerlegt wird (zweigängiges Verfahren) und getrennte Bearbeitung des Buchungsvorfalles in der Verkehrsabteilung und der Kontokorrentabteilung erfolgt. Beide Organisationsprinzipien unterscheiden sich jede für sich je nach Einstellung zum Formularaufbau und den Maschinensystemen und sind bis heute in der Praxis in mehreren Auffassungen durchgeführt. Ihre folgende Darstellung berücksichtigt nur das Organisationsprinzip selbst, um dieses möglichst deutlich herauszuschälen, sich aus diesem ergebende Besonderheiten für die einzelnen Abteilungen werden unter Abschnitt IV besprochen.

1. Das eingängige Arbeitssystem.

Bei der vollständigen Erledigung des Geschäftsfalles in einem Arbeitsgange steht das Kontokorrent im Brennpunkte der Betriebsteilvorgänge. Die Anwendung von Walzenmaschinen mit Rechen-

---

[1]) Obst: a. a. O. S. 182.

vorrichtung kommt für dieses Verfahren nicht in Frage, da bis heute deren Durchschlagskraft nicht ausreichend ist. Zudem macht die Einspannung von Kontokarten und Formularen verschiedener Größe starke Schwierigkeiten. Die einzige Maschine, der sich die Praxis mit Erfolg bedienen konnte, war die rechnende Schreibmaschine mit Schreibplatte, deren Durchschlagskraft auch die Verwendung von kartonstarkem Papier für die Kontokorrente und Sachkonten zuläßt. Die Durchführung dieses Arbeitssystems läßt je nach der besonderen Einstellung zum Sach- oder Personenkonto die Möglichkeiten der Verwendung von Sachkontenjournalen und von Sachkontenblättern zu.

a) Das eingängige Arbeitssystem unter Anwendung von Sachkontenjournalen.

In der Literatur wird dieses System von Schigut[1]) propagiert, von Hesselmann[2]) kurz gestreift. Es besteht darin, daß die einzelnen Geschäftsvorfälle auf bis zur vollständigen Verbuchung in der Maschine verbleibenden sachlichen, nach Soll und Haben getrennten Primanoten durchgeschlagen werden. Die einzelnen Maschinen vertreten hierbei jeweilig die Verkehrsabteilungen. Die Spezialprimanota wird auf der Stiftschiene befestigt, auf der links versenkbaren Schreibplatte werden sodann die Formularsätze und zu oberst das Kontokorrent eingeklemmt. Die Erledigung der vorbereitenden Arbeit erfolgt je nach Größe des Betriebes und den Raumverhältnissen in einer zentralisierten Rechnereistelle, die möglichst günstig zu der Maschinenabteilung liegen muß. Die Buchungsbelege der Geschäftsabteilungen gelangen nun an den Leiter der Maschinenabteilung, der die Unterlagen an die vor ihm sitzenden Kontokorrentbuchhalter verteilt. Diese stellen die Kontokorrentkarten, die vielleicht schon nach dem auf S. 54 dargestellten Verfahren als zur Verbuchung heranzuziehen gekennzeichnet sind, mit den entsprechenden Formularsätzen zusammen und leiten sie an die betreffende Maschine weiter. Für die Buchung kommt nur eine auf allen Formularen karbonisierte Schreibzeile in Frage, die Buchung selbst erfolgt nach dem Schema: Name des Kunden, alter Saldo, Personenkontonummer, Sachkontonummer, laufende Nummer, Datum, Geschäftsvorfall, Wert, Umsatz, neuer Saldo. Nach der Buchung gelangen die Karten nebst sämtlichen Unterlagen an den Kontokorrentbuchhalter zurück, der die Richtigkeit der Buchung prüft, den letzten Durchschlag für die Revisionsabteilung zurückbehält, die Karten entweder gleich einordnet oder sie in einen Vorordner ablegt und die Unterlagen an den Abteilungsleiter zurück-

---

[1]) A. a. O. S. 11.   [2]) A. a. O. S. 8.

gibt. Dieser erteilt die erste Unterschrift, gibt sie an die Rechnereistelle, wo letztmalig die Vollständigkeit der Belege mit den Rechnereiblocks bzw. den sonstigen Notizen geprüft und die zweite Unterschrift erteilt wird. Eine rein äußerliche Schwierigkeit ergibt sich bei direkten Buchungen von lebenden an lebende, von toten an tote Konten. Sie wird behoben durch die Zwischenschaltung eines persönlichen und eines sachlichen Umbuchungskontos in Form einer weiteren Spezialprimanota, die sich umsatzmäßig täglich ausgleichen muß. Die Formularanordnung erfolgt so, daß die Formulare seitlich einander schuppenförmig überragen, wodurch das Kontokorrent nur die ausmachenden Beträge, die Anzeige an den Kunden, deren Spezialisation, die Primanoten, dazu noch die besonderen Kontrollposten für die interne Verrechnung aufnimmt. Fehlerquellen beruhen vor allem im Vortragen des alten Saldos für jeden einzelnen Posten. Nach dem von Sölter[1]) angeregten Verfahren erfolgt hier eine doppelte Kontrolle. Er läßt den alten Saldo noch besonders in einer Kontrollspalte der Primanota vortragen und schließt jeden Bogen durch Entleerung der Zählwerke für sich ab. Hierbei erscheint in dem Querzählwerk der Summensaldo der Längszählwerke, der durch den neuen Saldo wieder aufgehoben wird. Die beiden Spalten „Alter Saldo" müssen sich decken, was auch durch eine laufende Kontrolle der beiden Zählwerke „Alter Saldo" nach jeder Buchung festgestellt wird. Diese Kontrolle verbürgt keine unbedingte Richtigkeit. Die Stellung der Praktiker zu jener ist wegen ihres problematischen Wertes daher geteilt. Es wird darauf hingewiesen, daß Fehler entweder durch Vertippen oder durch Verlesen hervorgerufen und daß erstere dann nicht entdeckt werden, wenn sie durch eine momentan falsche Einstellung des motorischen Gefühls der Finger entstehen, letztere darum oft ungeklärt bleiben, weil ein zweites Ablesen der Zahl keine geistige Neuaufnahme, sondern nur die Wiederauffrischung der Erinnerung an die vorher schon geschriebene Zahl bedeutet.

Als wirklich brauchbare Kontrolle wird die gesonderte Addition der „Neuen Salden" der Vorbuchung auf einer Großaddiermaschine empfohlen; die Primanoten werden seitenweise abgeschlossen und die Summe der Großaddiermaschine mit der Spalte „Alter Saldo" der Primanota verglichen. Dieses Verfahren kann jedoch bei Verwendung von Sachkontenjournalen zu Reibungen führen, da hierbei nur die über ein einziges totes Konto verbuchten Kontokorrentbeträge kontrolliert werden können, ein Kontokorrent mit mehreren Tagesposten also mehrmals benutzt werden muß, wobei leicht

---

[1]) A. a. O. S. 2.

die einzelnen Salden verwechselt werden können. Verwertbar ist dieser Vorschlag nur für das unter b) beschriebene Verfahren.

Die zweite Kontrolle des Saldos durch die Addition der Umsätze und Vergleich des hieraus entstehenden Saldos mit dem verbuchten bietet der Kontokorrentbuchhalter.

Die Tagesbilanz ergibt sich aus einer Zusammenstellung der Primanotenbogen. Die Bestände vom Vortage der täglich zu kontrollierenden Bestandskonten (Kasse, Reichsbank, Postscheck, Abrechnung) werden in die Längszählwerke gebracht, sodann die Umsatzzahlen der entsprechenden Primanoten eingesetzt, worauf der neue Bestand im Querzählwerk erscheint. Sind bei Giro, Postscheck und Abrechnung keine Restanten geblieben, so muß sich hier der Soll- und Habenumsatz decken. Die Kontokorrentbestände sind in den Primanoten selbst in Form der alten und neuen Salden vorhanden.

b) **Das eingängige Arbeitssystem unter Verwendung von Sachkontenblättern** (s. Formulare 19—23).

Statt der in der Maschine verbleibenden Spezialprimanota wird ein Kontokorrentkontrollbogen eingelegt, der die Kontokorrentzahlen einschließlich deren Spezialisierungen aufnimmt. Die Funktionen der sachlichen Primanoten geht hier auf Sachkontenkarten oder -blätter über. Hierdurch wird eine größere Beweglichkeit des Betriebes möglich. Anstatt in jeder Maschine nur eine Verkehrsabteilung, dazu das Kontokorrent ohne Gruppeneinteilung verkörpern zu können, gestattet dieser Aufbau zunächst eine Einteilung des Kontokorrents in die unumgänglichen Gruppen für Loro- und Nostroverbindungen und auch die Verbuchung sämtlicher Geschäftsvorfälle ohne Bindung an die Spezialprimanota. Daraus ergibt sich weiterhin eine größere Übersicht über den Verbleib der Kontokorrentkarten, und in den Verkehrsabteilungen werden Reibungen um die Kontokorrentkonten mit starkem Umsatz vermieden. Da die Sachkontenkarten in weit geringerem Maße der Bestandskontrolle dienen als die Kontokorrentkarten, würde es dem Betriebe nichts schaden, wenn jede Maschine für jedes Konto ihre eigene Sachkontenkarte bekäme, wodurch das Wandern von Unterlagen völlig beseitigt wird. Die Sachkontenkarten selbst sind durch Farben voneinander zu unterscheiden, an die sich der Maschinenbeamte leicht gewöhnen wird, so daß Fehlbuchungen bald zur Seltenheit gehören. Den Anforderungen des Systems der täglichen Auszüge wird durch Verwendung eines Standardformulars für alle Geschäftsvorfälle entsprochen, das von der ersten Buchung an bei der Kontokorrentkarte verbleibt. Das vorgenannte Verfahren begnügte sich im allgemeinen mit der Festhaltung der

Endsalden auf den Einzelbelegen und erschwerte damit die Übersicht. Wesentlich einfacher gestaltet sich die Kontrolle des neuen Saldos des vorherigen Postens (s. S. 61). Im übrigen entsprechen die beiden Verfahren einander. Die tägliche Bilanz ergibt sich wieder aus der Gegenüberstellung der Sach- und Personenkonten. Die Personenkonten sind auf dem Kontrollbogen bereits zusammengestellt, die Sachkontenkarten müssen noch gesondert mit der Hand oder unter Hinzuziehung einer Großaddiermaschine aufgerechnet werden. Einen Nachteil weist dieses Verfahren für die Feststellung des Saldos auf einem Sachkonto während der Tagesarbeit auf. Während bei dem vorigen Verfahren im allgemeinen die laufenden Umsatzzahlen auf dem Sachkonto feststanden, so eine Saldierung verhältnismäßig einfach war, müssen hier die einzelnen Sachkontenkarten für sich zusammengestellt werden, was länger aufhalten wird als das andere Verfahren. Das sogenannte Beiwerk, wie Wechselkopierbuch, Effekten- und Devisenskontro, läßt Schönwandt[1]) in einem besonderen Arbeitsgang nachher erledigen. Der Hauptmangel dieses Systems bei seiner radikalen Durchführung ist in der Führung des Wechsel-, Devisen- und Effektenkommissionskontos als gemischtes Bestandskonto zu erblicken, d. h. die Provisionen und Spesen erscheinen in den Bestandskonten, was von den meisten Betrieben ungern gesehen wird. Der Bankorganisator Dr. J. Vogel in Köln hat durch eine andere Arbeitsteilung diesen Mangel umgangen. Die Nebenarbeiten des Wechsel- und Scheckkopierbuches, des Devisen- und Effektenskontros einschließlich der entsprechenden Kundenanzeigen und der Diskontenabrechnungen erledigt er in einem besonderen Arbeitsgange, um auf dem Kontokorrent nur die einfachen Umsatzzahlen wie bei den andern Systemen außer dem Schönwandtschen zu haben. Zur Anwendung gelangt die für die Maschine übliche horizontale Formularanordnung. Dabei werden für die Effekten und Devisen die jeweils in Frage kommenden Skontrokarten mit eingelegt, während bei Wechseln und Schecks außer der Primanota ein zweiter Bogen als Kopierbogen mitgeführt wird. Bei allen dreien der genannten Buchungsgruppen werden die Endbeträge der Abrechnungen im ersten Arbeitsgange nicht auf das Kontokorrent, sondern auf ein sachliches Zwischenkonto verbucht, in einem zweiten Arbeitsgange die Endbeträge der Einzelrechnungen auf die entsprechenden Kontokorrentkonten gebracht mit dem genannten sachlichen Zwischenkonto als Gegenkonto. Dieses sich stark dem Zweiarbeitgangsystem nähernde Verfahren hat für die Erhaltung der Übersicht über die persönlichen und sachlichen Konten ohne mehr Aufwand von Zeit eine voll befriedigende Lösung gefunden.

---

[1]) A. a. O. S. 17.

Formulare für das eingängige Buchungssystem mit Sachkontenblättern.

Formular 19. Täglicher Kontoauszug, Benachrichtigung an den Kunden.

Volksbank in Köln. Auf Ihrem Konto wurden heute folgende Umsätze getätigt:											
Name	Alt. Saldo	Person.-Kto. Nr.	Sach-Kto. Nr.	Lfd. Nr.	Datum	Geschäftsvorfall	Wert	Soll	Haben	Neuer Saldo

Formular 20. Kopie zum täglichen Kontoauszug.

Volksbank in Köln. Kopie! Auf Ihrem Konto wurden heute folgende Umsätze getätigt: Nicht absenden!										
Name	Alt. Saldo	Person.-Kto. Nr.	Sach-Kto. Nr.	Lfd. Nr.	Datum	Geschäftsvorfall	Wert	Soll	Haben	Neuer Saldo

Formular 21. Personenkontokarten.

Konditionen: Name: Ort:								Konto-Nr. Karten-Nr.		
Name	Alt Saldo	Person.-Kto. Nr.	Sach-Kto. Nr.	Lfd. Nr.	Datum	Geschäftsvorfall	Wert	Soll	Haben	Neuer Saldo

Formular 22. Sachkontokarte.

Konto:							Sach-Kto. Nr. Karten-Nr.		
Bemerkungen	Person.-Kto. Nr.	Sach-Kto. Nr.	Lfd. Nr.	Datum	Geschäftsvorfall	Wert	Haben	Soll	Saldo

Formular 23. Kontokorrentkontrollbogen.

Journal vom										
Name	Alt. Saldo	Person.-Kto. Nr.	Sach-Kto. Nr.	Lfd. Nr.	Datum	Geschäftsvorfall	Wert	Soll	Haben	Neuer Saldo

2. Das zweigängige Arbeitssystem.

Die Zerlegung der laufenden Arbeit in zwei Buchungsgänge hat eine Gruppierung des Vorfalles um die Primanota und das Kontokorrent zur Folge. Daher eignet sich dieses Verfahren für Betriebe jeder Größe und gewährleistet infolge der vielen Variationsmöglichkeiten die notwendige Elastizität, um die gleichzeitige Bearbeitung desselben Vorfalles in verschiedenen Betriebsgruppen sicherzustellen. Die Aufteilung des Buchungsvorganges erfolgt so, daß der erste Gang in einer dezentralisierten Korrespondenzabteilung vorgenommen wird, wo die Anzeige an den Kunden und die sonstigen internen Unterlagen auf Grund der Rechnereibelege angefertigt werden, während im zweiten Gange sodann das Kontokorrent, der periodische Auszug als dessen Durchschlag und der tägliche Kontoauszug nebst einem Kontrollbogen für die tägliche Bilanz angefertigt wird. Um den reibungslosen Ablauf von zwei Hauptarbeitsgängen zu garantieren, muß zu einer bestimmten Tageszeit Schluß mit der mechanischen Buchung des ersten Ganges gemacht werden. Je nach der Eigenart des Betriebes wird dies zwischen 2 und 3 Uhr geschehen müssen. Um hierbei einen Leerlauf zu vermeiden, kann man das Maschinenpersonal des ersten Arbeitsganges als Hilfskräfte dem Personal des zweiten beigeben oder es mit sonstigen, ordnenden Arbeiten beschäftigen. Die mit der kontierenden Tätigkeit in den Abrechnungsstellen betrauten Beamten werden bis zu ihrem Dienstschluß die Arbeiten für den ersten Arbeitsgang des folgenden Tages vornehmen oder mit Vorbereitungsarbeiten für die tägliche Bilanz beschäftigt. Die Disposition über die Arbeitszeit konnte in der Praxis so bisher befriedigend gelöst werden, ein Teil der Maschinen allerdings nicht immer restlos beschäftigt sein. Verschiedenheiten im Aufbau der Organisation ergeben sich aus der Art der verwandten Maschinen. Im allgemeinen bedient man sich für die beiden Arbeitsgänge nicht der gleichen Systeme. Die Praxis griff bis heute zu folgenden Kombinationen, deren wohl schwerlich noch weitere folgen können.

Es wurden kombiniert:

a) die gewöhnliche Schreibmaschine mit den Maschinen der Burrough-Fabrikation,

b) die Registrierkasse mit der Großaddiermaschine,

c) die rechnende Schreibmaschine mit der schreibenden Rechenmaschine,

d) die gewöhnliche Schreibmaschine mit dem Power-System.

a) Die Kombination der gewöhnlichen Schreibmaschine mit den Maschinen der Burrough-Fabrikation.

Das Rückgrat dieser Organisationsform als Träger des ersten Arbeitsganges bildet eine Hauptkorrespondenzabteilung, in der die Kontenüberträge und die Bearbeitung des Reichsbankgiro-, des Postscheck-, Abrechnungs-, Scheck- und Wechselverkehrs vorgenommen werden. Die übrigen Verkehrsabteilungen, Kasse, Effekten und Devisen sowie das Sekretariat, bearbeiten ihre Post selbständig und geben sie z. T. bilanzfertig an eine besondere Bilanzstelle. Die Verteilung der eingegangenen Post erfolgt durch das Sekretariat auf die Kontrolleure der einzelnen Gruppen. Diese prüfen zuerst den Kontostand, setzen die Valuten ein usw. Zwischendurch werden auf Großaddiermaschinen die Zahlungsaufträge, die einzelnen Arten der Überweisungen, die Scheck- und Wechseleingänge provisorisch zusammengefaßt und die Zahlungsaufträge zur Kasse, die sonstigen Unterlagen an die Gruppen der Hauptkorrespondenz gegeben. Entsprechend verfahren die Effekten- und die Devisenabteilung. Zur Buchung bedient man sich hier der Moon-Hopkins-Fakturier-, in der Hauptkorrespondenz und an der Kasse der gewöhnlichen Schreibmaschine. Sofort nach der Bearbeitung durch die Maschine werden die Unterlagen durch den Kontrolleur geprüft und an ein Verteilungsregal gebracht, wo Originalbeleg, Kundenanzeige und interne Unterlagen vermittels eines Stempels mit der gleichen Kontrollnummer versehen werden. Etwaige Buchungen des Sekretariats laufen durch die Hauptkorrespondenz. Bei Buchungsschluß müssen im Verteilungsregal sämtliche Unterlagen der Hauptkorrespondenzstelle und der Kasse vorliegen. Auf einer Großaddiermaschine wird nun nach dem Verteilungsregal die Tagesbilanz aufgestellt, wobei die provisorische Zusammenstellung von vorher zur Kontrolle herangezogen wird. Eine eigene Bilanz stellt die Effekten- und Devisenabteilung auf, deren fertige Bilanzzahlen nur noch in die Tageszusammenstellung eingetragen werden. Zur Vorbereitung des zweiten Arbeitsganges werden die Anzeigen sämtlicher Abteilungen nach den Gesichtspunkten des Kontokorrents geordnet. Auf Großaddiermaschinen erfolgt sodann die Kontokorrentübertragung zusammen mit der Anfertigung des täglichen Auszuges. Das Heraussuchen der Karten wird durch Anwendung des Verfahrens auf S. 54 sehr erleichtert. Der tägliche Auszug und die Einzelanzeigen werden nun nochmals kontrolliert, zusammengeheftet und zur Expedition gegeben. Zur Überprüfung der umsatzmäßigen Richtigkeit wird eine Saldenkontrolle vorgenommen. Zu diesem Zwecke werden die alten und neuen Salden der am Buchungstage bewegten Konten je für sich addiert, ihr Saldo muß dem der Kontokorrentspalte der Tageszusammenstellung entsprechen. Nach den Sachkontendurchschlägen werden am folgenden Tage handschriftlich oder maschinell die Skontren übertragen, nach den Kopien der Anzeigen periodisch die Zinsstaffeln ergänzt. Dieses Verfahren kommt in einem Mittelbetrieb zur Anwendung und hat sich dort gut bewährt. Infolge seiner großen Beweglichkeit wird sich dieses Verfahren auch für Großbetriebe eignen. Dann empfiehlt sich jedoch, die Kontrollnummer bereits in der Verkehrsabteilung aufzustempeln und nicht erst im Verteilungsregal. Jede Abteilung erhält ihren besonderen Stempel. Fernerhin muß die Zusammenstellung der Belege im Verteilungsregal täglich mehrmals erfolgen, um das Fehlerfeld zu begrenzen. Das tote Kontokorrentkonto im Verteilungsregal ist schließlich noch in mehrere Gruppen zu zerlegen, die den Arbeitsgruppen der Kontokorrentabteilung entsprechen.

Die Verwendung der gewöhnlichen Schreibmaschine in der Verkehrsabteilung bietet neben der geringeren Kapitalinvestierung den Vorteil einer rascheren Erledigung der laufenden Arbeit, da die gewöhnliche Schreibmaschine schneller als die rechnende arbeitet und die bilanzierende Tätigkeit der Zusammenstellung der toten Konten — an sich zwar eine Mehrarbeit — außerhalb vom laufenden Betrieb vorgenommen wird. Für den Großbetrieb ergibt sich natürlich die Sonderbehandlung von Einzelabteilungen von selbst, so würde z. B. die Wechselabteilung durch die Verwendung der Ellis wesentlich entlastet.

b) Die Kombination
der Registrierkasse mit der Großaddiermaschine.

Da beide Maschinensysteme nur in geringem Umfange Text schreiben, eignet sich diese Zusammenstellung nur für Betriebe mit schematisiertem Geschäftsbetrieb wie Sparkassen, Girozentralen u. ä. Kassenbetrieb, Überweisungs- und Scheckverkehr werden, voneinander getrennt, durch Registrierkassen erledigt. Die von der Kasse, der Giro- oder Scheckabteilung hereinkommenden Belege werden von der Maschine aufgenommen, Anzeigen an den Kunden durch sie nach Formular 6 erledigt. Die ausgeworfenen Buchungsstreifen dienen späteren Kontrollzwecken, die in den Maschinen verbleibenden Rollen am Ende des Buchungstages als Tagesjournal. Auf ihnen wird handschriftlich der tägliche Abschluß vorgenommen. Auf Grund der Originalunterlagen erfolgt nun die sofortige Buchung des Kontokorrents vermittels einer Großaddiermaschine, die auch wie beim vorherigen Verfahren zur Abstimmung und Staffelung dient. Gleichzeitig wird der tägliche bzw. der periodische Auszug als Anlage zur Kontokarte und ein in der Maschine bis zur völligen Beschriftung verbleibender Kontrollbogen erledigt. Die umsatzmäßige Richtigkeit

5*

geht aus der Gegenüberstellung der Kontrollbogen der Großaddiermaschine und denen der Tagesjournale der Registrierkassen hervor.
Die kontenmäßige Richtigkeit ergibt sich durch Auskreuzen der
Einzelposten des Kontrollbogens mit denen des Tagesjournals. Bei
etwaigen Differenzen ist regelmäßig auf den Originalbeleg zurückzugreifen. Der Mangel des ganzen Verfahrens besteht in der textlosen
Buchführung der verwandten Maschinen, die nur durch übersichtliche Numerierung der Geschäftsvorfälle wieder ausgeglichen werden
kann. Sie hat weiter das Nichtvorhandensein einer starken Korrespondenz und nur geringe Mannigfaltigkeit in der Art der Geschäftsvorfälle zur Voraussetzung. Zur Erhöhung der Übersichtlichkeit wird
bei einzelnen Betrieben dieser Art die Erteilung des täglichen Auszugs auf Grund der Originalbelege mit der Hand vorgenommen, was
keine allzu starke Belastung für den Betrieb bedeutet und den Vorteil nach sich zieht, auf einer Preßkopie eine genaue Beschreibung
der Einzelfälle zu haben.

c) Die Kombination der rechnenden Schreibmaschine mit der schreibenden Rechenmaschine.

Bei Verwendung dieser Systeme entsteht wohl das beste und
ausbaufähigste zweigängige Arbeitssystem, das fast alle Vorzüge dieser
Arbeitsart auf sich vereinigt. Die sämtlichen Geschäftsvorfälle werden
derart aufgeteilt, daß der erste Arbeitsgang in einer dezentralisierten
Korrespondenzabteilung vor sich geht, der zweite in der zur Dispositionsstelle gewordenen früheren Zentralkorrespondenz. Bei dieser
Arbeitsweise geht das Kontokorrent völlig in der Dispositionsstelle
auf und versieht dort auch die Funktionen des alten Saldenbuches.
Die im Laufe des Buchungstages eingehende Post wird von dem
Disponenten nach Prüfung des Kontostandes an die Korrespondenzstellen der einzelnen Verkehrsabteilungen weitergegeben und dort
auf rechnenden Schreibmaschinen mit Vorsteckeinrichtung bearbeitet. Jede Maschine erhält einen bis zur vollständigen Beschriftung in der Maschine verbleibenden Journalbogen, vor den die entsprechenden Formulare vorgesteckt werden. Diese Journalbogen
enthalten jeweils nur eine Hauptbuchseite, wodurch eine Dehnbarkeit des Gesamtbetriebs erreicht wird, die jede Arbeitswelle aufnehmen
kann. Zur vollständigen Einstellung des ersten Arbeitsganges auf die
Sachkonten tragen die Maschinen in einzelnen Abteilungen bis zu
8 Zählwerke, wodurch eine Kontierungsmöglichkeit gewährleistet
wird, die jeder Spezialbuchung genügt. Die einzelnen Zählwerke verkörpern z. B. bei einer Effektenrechnung den ausmachenden Betrag,
Vorspesen, Zinsen, Provision, Courtage, Porto, Stempel usw. Zur
Buchung gelangen die Belege der Rechnereistellen an die Maschinen-

ouchhalter. Diese stellen sich ihre in Mappen oder sonstwie übersichtlich angeordneten Formularsätze zusammen und buchen. Die
stündliche Arbeitsleistung schwankt je nach der Art des Geschäftsvorfalles zwischen 35 und 50 Buchungen. Die Richtigkeit der Übertragungen wird von Kontrolleuren geprüft, von denen jeder die
Arbeitsleistung von 2—3 Maschinen überwachen kann. Zur Vorbereitung der täglichen Bilanz werden nun noch in der Verkehrsabteilung selbst die Formularsätze nach Kontokorrentgruppen geordnet, die Originalanzeigen sodann an die Dispositionsstelle zur Verarbeitung im zweiten Arbeitsgang geleitet und nach den gruppenweise geordneten Kopien mit Hilfe von Großaddiermaschinen
die sogenannten Journalgrundzettel (s. Abb. 3) zusammengestellt.
Ihre Ergebnisse müssen sich mit den Kontokorrentspalten der
Journalbogen (im obigen Falle also den Nettobeträgen) decken.
Nach demselben Verfahren kann das Skontro bearbeitet werden.
Auf Grund dieser Abstimmungslisten fertigt ein besonderer Beamter in jeder Abteilung die Gesamtlisten an (s. Abb. 57),
d. s. die täglichen Abteilungsbilanzen für das Sammeljournal. Die
Verkehrsabteilung erledigt fernerhin alle Nebenarbeiten, sie führt
ihr eigenes Skontro und bewahrt von jeder Buchung einen Durchschlag zur späteren Orientierung auf. Nach den zur Dispositionsstelle
gelangten Kundenanzeigen wird nun der tägliche Auszug und das
Kontokorrent gebucht. Ein periodischer Auszug ist mit dem Kontokorrent als Durchschlag verbunden. Kommt ein solcher nicht in
Frage, so kann der Durchschlag für die Revisionsabteilung verwandt
werden. Die in den Verkehrsabteilungen bereits vorsortierten Anzeigen werden dann der Kontonummer nach geordnet, der Disponent
prüft an Hand seiner laufenden Notizen die zahlenmäßige Vollständigkeit der Tagesposten, verausgabt die täglichen Auszugsformulare
und verbucht ihre Nummern. Auf einer schreibenden Rechenmaschine,
am zweckmäßigsten der mit 3 Zählwerken ausgerüsteten Underwood,
wird sodann die mechanische Arbeit vorgenommen. Die Gruppierung der Zählwerke und entsprechend die Anordnung des Springwagens erfolgt nach dem auf S. 30 angegebenen Verfahren. In
die Maschine spannt man nun das Kontokorrent, den täglichen
Auszug und einen Kontokorrentkontrollbogen ein, der alle Umsätze
und Salden aufnimmt, bei dessen vollständiger Beschriftung man entweder eine Zwischenaddition auswirft oder die Zählwerke vollständig
entleert und nachher die Endzahlen auf einer Großaddiermaschine
zusammenstellt. Die Kontrolle der umsatz- und saldenmäßigen
Richtigkeit der Kontokorrentübertragungen ergibt sich aus der
Gegenüberstellung der Zahlen des Kontrollbogens mit denen der
Primanota oder des Sammeljournals. Nach der Buchung überprüft

der Disponent letztmalig die Richtigkeit der Übertragung, gibt die Auszüge zur Unterschrift und von dort zur Expedition.

Kontokorrentkarten statt -blätter verwendende Betriebe bedienen sich für den zweiten Arbeitsgang zweckmäßig der Elliott-Fisher-Maschine. Diesem System wandte sich die Praxis auch deswegen zu, weil bei der Walzenmaschine das Einstecken verschieden großer Formulare auf Schwierigkeiten stieß. Trotzdem gibt es Betriebe, die auch für die Walzenmaschine befriedigende Lösungen gefunden haben. Das Verfahren selbst entspricht dem obengenannten.

Am folgenden Tage werden die Durchschläge bzw. Preßkopien der täglichen Auszüge, gleichfalls die Durchschläge der Anzeigen genau nach Kunden sortiert. Erstere gelangen zur Aufbewahrung an die Revisionsstelle, letztere zur Kontokorrentabschlußabteilung, wo sie nach dem Verfalldatum geordnet werden. Auf einer Staffelmaschine erfolgt nun in Abständen von einer Woche zur Vermeidung von Komplikationen durch vor- und nachfällige Posten die Beitragung der Zinsstaffeln. Die Maschinen des zweiten Arbeitsganges können, solange sie frei sind, der Skontrenverbuchung dienen.

Die Vorteile dieses Systems bestehen in der jederzeit reibungslosen Abwicklung der Geschäftsvorfälle, der leichten Ausbaubarkeit und der zwangläufigen Anwendung von Präventivkontrollen, die Detektivkontrollen fast überflüssig machen. Verhältnismäßig leicht ist auch hier ein Leerlaufen der Maschinen zu vermeiden.

Eine diesem Verfahren nahe Kombination ist die der gewöhnlichen Schreibmaschine mit der Großaddiermaschine im ersten Gange und der Elliott Fisher für den zweiten Arbeitsgang. Der Hergang ist der, daß man die Journalgrundzettel spezialisiert auf der Großaddiermaschine anfertigt. Diese werden dann mit den Kontrollbogen der Elliott Fisher zur Kontrolle der kontenmäßigen Richtigkeit postenmäßig ausgekreuzt, umsatzmäßig die Ergebnisse der beiden Bogen miteinander in Übereinstimmung gebracht.

d) Die Kombination der gewöhnlichen Schreibmaschine mit dem Hollerith- bzw. Power-System.

Diese Zusammenstellung setzt größte Betriebe mit starken Umsätzen voraus, kommt daher bei Großbankzentralen viel zur Anwendung. Im ersten Arbeitsgange wird die Korrespondenz auf gewöhnlichen Schreibmaschinen nach den Unterlagen der Rechnereistellen erledigt. Auf eine Mitführung von Journal- und sonstigen Kontrollbogen kann man verzichten. Nach Fertigstellung und Kontrolle des Formularsatzes geht die Originalanzeige an die Dispositionsstelle, wo auf der Ellis-Buchhaltungsmaschine oder der gewöhnlichen Schreibmaschine der tägliche Auszug angefertigt wird. Dieser enthält nur die laufende Addition des Soll- und Habenumsatzes ohne Salden-angabe, ist somit leichter in das Buchhaltungssystem des Kunden einzuordnen als der in Saldenform. Die Auszugskopie wird von der Revisionsstelle aufbewahrt. Die gesamte weitere Verrechnung der Posten übernimmt das Power-System. Zur Anfertigung der Lochkarte geht ein Durchschlag an die Lochabteilung. Durch die Schablonisie-rung der Buchungsvorfälle und möglichst weitgehende Vorordnung der Unterlagen kann hier vor allem bei Anwendung von Schieber-lochern durch Beibehaltung eines großen Teils der alten Einstellung in der Kontrolltastatur eine nicht unbeträchtliche Beschleunigung der Arbeit eintreten. Nach jedesmaliger Sortierung der Karten nach einer der in Frage kommenden Rubriken der Lochkarten wird nach-einander hergestellt:

1. eine einzelkontenmäßig geordnete, zusammenhängende Über-sicht über die Umsätze in den einzelnen Kontokorrentgruppen;

2. eine Zusammenstellung der Bilanzzahlen der persönlichen Kontengruppen und der Sachkonten;

3. nach Soll und Haben getrennte Skontren;

4. Listen debitorischer Konten für das Kreditbüro;

5. nach Effektengattungen getrennte Kontrolldurchschläge für das Depot;

6. Kontroll- und Bestandlisten für die Wechselabteilung u. a. m.

Damit ist die Art der weiteren Verarbeitung gegeben. Die Rück-tragbogen des Power-Kontokorrents gehen zur Revisionsstelle und werden dort mit den Kopien der täglichen Auszüge postenweise aus-gekreuzt. Wöchentlich oder monatlich werden Abstimmungen vor-genommen, die jedoch bei einer täglichen Bilanz wesentlich an Be-deutung verlieren. Die Monatsendaddition der Dispositionsstelle ist dann gleich der Endaddition der Tabelliermaschine. Die Konto-korrentstaffeln werden wieder periodisch angefertigt, für kleinere Konten auf der Großaddiermaschine, für die größeren auf der Tabellier-maschine. Die für die Provisionserrechnung wichtigen Frankoposten werden mit der Sortiermaschine herausgezogen. Nur diese werden einschl. einer Berechnung der Zinsen, Provisionen und Spesen der Kundschaft noch zugesandt. Bemerkenswert ist, daß dieses System sozusagen völlig ohne Primanota und zusammenhängendes Konto-korrent auskommen kann, jedoch lassen die meisten Betriebe nach den Lochkarten außerhalb der laufenden Arbeit die Kontokorrente nachbuchen. Die enorme Leistungsfähigkeit der verwandten Ma-schinen gewähren diesem Verfahren vor allem in Konjunkturzeiten ausreichende Entwicklungsmöglichkeiten. Einzelne Betriebe, die zur Erhöhung der Betriebsübersicht Wert auf Spezialbilanzen legten, be-dienen sich der rechnenden Schreib- und schreibenden Rechenmaschinen statt der gewöhnlichen Schreibmaschine. Die Bedeutung der mit ihnen gewonnenen Unterlagen entspricht der oben dargestellten des täglichen Auszugs, jedoch genügen für die Sachkonten im allgemeinen die durch die Tabellierung gewonnenen Zusammenstellungen. Stellenweise wird auch der tägliche Auszug auf der Tabelliermaschine angefertigt. Es ist jedoch nicht angebracht, dann auf die Zusammenstellung der Unterlagen durch die Ellis zu verzichten, da man sich dann wertvoller Kontrollunterlagen berauben würde.

C. Kritik an den Organisationsprinzipien.

Nach welchem dieser Organisationsprinzipien man den Aufbau einer Bank vornehmen will, hängt von der Größe des Betriebes und von der Art der Geschäftsspezialisation ab. Am richtigen Orte angewandt, hat sich jedes der Organisationsprinzipien als tragbar für die Aufnahme der Geschäftsfälle erwiesen und auch rentiert. Bedenklich erscheint nur, wenn man einen Betrieb in Anbetracht des heutigen stillen Geschäftes auf das eingängige Buchungsverfahren einstellt, der seinem ganzen Charakter nach, etwa als Bezirkshauptstelle, für das zweigängige System vorbehalten zu sein scheint. Wenn auch ein Geschäftsaufschwung nur sehr langsam kommen wird, so würde im allgemeinen eine Steigerung der Posten nur um die Hälfte schon eine bedenkliche Steigerung der Maschinenzahl, der Einzelformulare usw. hervorrufen, die leicht in ihren Auswirkungen auf das manuelle Verfahren herauskäme. In der Eile dann durchgeschlüpfte Buchungsfehler, wie sie sich aus dem oftmaligen Vortragen des Saldos ergeben, sind schwer herauszufinden und können unter Umständen einem Rückfall in das frühere System der Detektivkontrollen gleichkommen.

Hinzu kommen vor allem bei Verwendung von Sachkontenjournalen die Schwierigkeiten, die sich leicht aus dem Wandern der Kontokorrentkarten ergeben können, wodurch diesem System sehr rasch Grenzen gezogen sind.

Günstiger liegen die Verhältnisse bei dem Einarbeitsgangsystem mit Sachkontenblättern, wo jede Maschine statt wie vorher eine Abteilung eine kleine Bank verkörpert. Da jede Maschine einen ganzen Sachkontensatz beansprucht, kann dies zu einer großen Zersplitterung des Sachkontos führen.

Sobald der Betrieb die Größe von etwa 1000 Buchungen täglich überschritten hat, wird die Frage, ob ein- oder zweigängiges System, zu einer Raumfrage, da die günstige Auswirkung des eingängigen Verfahrens wesentlich von der leichten Verkehrsmöglichkeit zwischen Kontokorrent und Verkehrsabteilungen abhängt.

Nach den Erfahrungen der Praktiker liegt im allgemeinen bei 2000 Buchungen die Obergrenze für die Brauchbarkeit des eingängigen Buchungssystems. In den genannten Fällen bedient man sich dann des zweigängigen Verfahrens wegen seiner größeren Dehnbarkeit.

Eine Umgehungsmöglichkeit bestände schließlich darin, den Betriebsaufbau so zu organisieren, daß die laufende Verbuchung erst bei Vorliegen aller über dasselbe tote oder lebende Konto je nach der Verwendung von Sachkontenjournalen oder Sachkontenblätter zu verbuchenden Geschäftsvorfälle erfolgt. Bis zu diesem Zeitpunkte werden die Beamten mit vorbereitenden, Kontroll- oder Abschlußarbeiten vom Vortage beschäftigt. Die dadurch notwendig werdende Vielseitigkeit der Beamten wäre gleichzeitig eine Waffe gegen zu starke Ermüdung oder Überdrüssigwerden durch zu vieles gleichförmiges Arbeiten am selben Teilvorgang. Damit wäre der Betrieb erneut auf einen Universal-Beamtentyp eingestellt, der sich bei Konjunkturzeiten schwierig ergänzen ließe. Diese Fähigkeit der Beamten, wieder den ganzen Betrieb zu beherrschen, begegnet zugleich dem Leerlauf in der Beschäftigung. Um diesen generell zu verhüten, d. h. also sowohl die Beamten und Hilfskräfte als auch die Maschinen ständig an der Arbeit zu halten, wird ein genauer Arbeitsplan für den laufenden Tag und die organische Verteilung der periodischen Arbeiten auf und zwischen die laufenden notwendig. Das Verfahren wurde stellenweise bereits angedeutet und kann bei geschickter Handhabung zur völligen Einsparung der früheren für die periodischen Sonderarbeiten bestimmten Abteilungen führen. Es empfiehlt sich jedoch, bei der Zumessung der laufenden Arbeit stets so zu verfahren, daß der Beamte gelegentliche kleinere Arbeitswellen, ohne zu allzu starken Überleistungen gezwungen zu sein, aufnehmen kann. Hinsichtlich der Leistungsnormen sind die Betriebe kaum über die auf Formular 15 angeführte Tabelle hinausgekommen. Die stellenweise ausgeführten Zeitmessungen haben noch zu keinem direkten Resultate geführt. Die übrigen sich in den Abteilungen auswirkenden Besonderheiten der Organisationsprinzipien kommen im folgenden zur Darstellung.

IV. Systematische Darstellung der Mechanisierung in den einzelnen Abteilungen.

Verschiedenheiten im Aufbau der Abteilungen ergeben sich aus der Anwendung des ein- oder zweigängigen Arbeitssystems, ferner aus der Stellung der Primanota und der Art der Vorbereitung der internen Verrechnung während der laufenden Arbeit. Der Ausbau des Durchschreibeverfahrens kann beim zweigängigen Buchungssystem zur vollständigen Anfertigung der in einem Betriebsnetz notwendigen Unterlagen für den ersten Arbeitsgang von der aufgebenden Stelle aus führen. Infolge des Wegfallens der gebundenen Bücher wird hierdurch eine genaue, etwa karteimäßige Überwachung der z. B. durch Verwendung von Einzugsrimessen geschaffenen schwebenden Posten notwendig. Das gleiche gilt z. B. für die transitorische Belastung der Kasse durch die Wechselabteilung für jener übergebene Abschnitte. Am einfachsten ordnet die aufgebende Abteilung bzw. Stelle Durchschläge der Aufgaben in Registriermappen ein und läßt sie erst nach Eingang der Bestätigung endgültig ablegen. Wieweit die Ausnutzung des Durchschreibeverfahrens möglich wird, ist stets eine Frage nach der Angleichung der Betriebsmethoden innerhalb der verwandten oder befreundeten Bankstellen, die bis heute schon eine ziemlich weitgehende ist.

Hinsichtlich des organisatorischen Aufbaus weisen große Gemeinsamkeiten die Abteilungen des Geld- und Überweisungsverkehrs auf. Ähnlichkeiten im Formularaufbau, damit in der Zählwerksanordnung bestehen in der Wechsel-, der Devisen- und der Effektenabteilung. Wesentliche Erleichterung durch die Mechanisierung der Verkehrsabteilungen erhalten die Abteilungen der internen Verrechnung, während die Bedeutung der Detektivkontrollabteilungen fast völlig geschwunden ist. Die Einzelbetrieben angegliederten Spezialstellen für die Dokumentenbearbeitung, deren Arbeiten im allgemeinen denen der Wechselabteilung entsprechen, ferner die für Effektenemissionen kommen im folgenden nicht eigens zur Darstellung, da ihre Tätigkeit sich nur mit Sonderfällen der Hauptabteilungen befaßt.

A. Die Abteilungen des laufenden Verkehrs.

1. Die Büros für den Bargeld- und Überweisungsverkehr.

Diese Abteilungen zeichnen sich durch geringen Text und einfache Buchungszahlen aus. Im Prinzip unterscheiden sie sich daher wenig voneinander, was in dem fast gleichen Formularaufbau zum

Ausdruck kommt. Unterschiede ergeben sich aus den verwendeten Maschinen.

a) Die Hauptkasse.

Beschäftigt sind hier ein Hauptkassierer und mehrere Unterkassierer. Ersterem fallen die geldlichen Dispositionen, letzteren die manuelle Vornahme der Ein- und Auszahlungen zu. Zur Spezialkontenjournalisierung dürfen sie zwecks Erhöhung der Sicherheit nicht herangezogen werden. Sie führen nur eine „Schmierkasse" genau wie früher und erhalten für ihre Transaktionen die Unterlagen buchhalterisch richtig von den anderen Abteilungen. Die handschriftliche Kassenkladde kann in Großbetrieben durch Registrierkassen oder Großaddiermaschinen abgelöst werden. Bei Verwendung von Großaddiermaschinen setzt jeder Kassierer seinen Geldbestand ein, addiert die Eingänge am Schalter und die besonderen Zugänge aus dem Bestand des Hauptkassierers, subtrahiert die Auszahlungen und die Überweisungen an den Hauptkassierer. Entsprechend verfährt der Hauptkassierer mit seiner Maschine. Eine Aufnahme des Bargeldbestandes ist durch Zusammenstellung der Einzelergebnisse rasch zu bewerkstelligen, die interne Geldbewegung durch beim Hauptkassierer zusammenlaufende Belege leicht zu überwachen. Die Verwendung von Registrierkassen hat den Vorteil größerer schreibtechnischer Sicherungen durch Abgabe gedruckter Belege. Die Arbeitsteilung ist dann die, daß der Kunde seine Unterlagen an einem Nebenschalter abgibt, diese durch die Registrierkasse, auf der je ein Zählwerk einem Kassierer entspricht, verbucht werden, die Kunden die Kontrollzettel der Registrierkassen erhalten und nach deren nummernmäßigen Reihenfolge von den Kassierern bedient werden. Die Kontrollstreifen ersetzen die Strazze des Kassierers. Dem Hauptkassierer ist durch Saldieren der Ein- und Ausgangszählwerke eine laufende Übersicht über seinen Bestand ermöglicht.

Die Überleitung der Kassentransaktionen auf den innern Betrieb erfolgt durch den Kassenassistenten. Bei Anwendung des eingängigen Arbeitssystems kommt diesem oft nur die Stellung eines Boten zwischen der Kasse und der Maschinenabteilung zu. Beim zweigängigen Verfahren übernimmt er die Anfertigung sämtlicher Belege der Primanoten und unter Umständen der Quittungen. Die in der unreinen Kasse fixierten numerierten Ein- bzw. Auszahlungsbelege gelangen an ihn. Im Durchschreibeverfahren werden nun unter Verwendung einer rechnenden Schreibmaschine erledigt:

1. die Quittung und Gutschriftsaufgabe,
2. ein Registraturbeleg,
3. ein Memorialzettel als Unterlage für die Kontokorrentstaffel,

4. evtl. der Kassenprimanotenbogen,

5. evtl. ein besonderer Durchschlag für die toten Konten der Kassenprimanota.

4 und 5 können bei Verwendung der gewöhnlichen Schreibmaschine und der Großaddiermaschine im ersten Arbeitsgange ganz wegfallen oder je durch besondere Slips ersetzt werden. Die dargestellten Kassenformulare (Form. 24—26) zeigen die auf S. 56 besprochenen Sicherungen gegen die Verwechslung von Soll und Haben. Bei größeren Einzahlungen erfolgt inzwischen Nachzählen des Betrages durch die Geldzähler. Kunden, die die erforderliche Buchungszeit nicht abwarten wollen, erhalten eine vorläufige Quittung. Auszahlungen werden entsprechend erledigt. Wird der Gegenwert der Kundenquittung in einem Reichsbankscheck erstattet, so erfolgt die Buchung unter Benachrichtigung der Giroabteilung sofort über das Reichsbankgirokonto oder durch die Giroabteilung selbst.

Die Einrichtung des bereits im alten Verfahren vorhandenen Scheckkontrollbuches zur Überwachung der auf die Bank gezogenen Schecks bleibt in der alten Form bestehen.

Wesentliche Vereinfachungen ergeben sich aus dem Durchschreibeverfahren für die Erledigung der Zahlungsaufträge. Die Ziehung eines internen Bankschecks durch die Korrespondenzabteilung auf die Hauptkasse wird ersetzt durch ein im gleichen Arbeitsgange mit der Belastung des Auftraggebers einschließlich einer Duplikatquittung für denselben hergestellten Kassenquittung, die nach Unterschrift durch den Begünstigten durch eine Sachbuchung Übertragskonto an Kasse maschinell ausgebucht wird. Trägt der Zahlungsauftrag akkreditivmäßigen Charakter, so verbucht man zweckmäßig über ein besonderes totes Konto.

Die abendliche Kassenabstimmung wird gleichfalls erleichtert. Der Barbestand ist eine Zusammenstellung der Maschinenzahlen der Kassierer nach dem Schema: Saldo vom Vortage + Einzahlungen ÷ Auszahlungen = Kassenbestand.

Für das eingängige Buchungsverfahren mit Einzelprimanoten ergibt sich die buchmäßige Kontrolle durch die Abschrift der Zählwerksresultate auf die Primanota unter Verwendung der Formel:

Alter Sollsaldo + Tagesumsatz-Soll + Neuer Habensaldo = Alter Habensaldo + Tagesumsatz-Haben + Neuer Sollsaldo.

Bei dem eingängigen Arbeitssystem mit Sachkontenblättern erfolgt nun die Journalisierung der Sachkonten, bei den zweigängig organisierten Betrieben die schon dargestellte Zergliederung des Kontokorrentes und die Bilanzierung der lebenden und toten Konten.

Formulare für die Hauptkasse.

Formular 24.   **Kassenprimanota.**

Reine Kasse vom .... 192......									
Alter Saldo	Empf. a. Einzahler	Kund.-Nr.	Bel.-Nr.	Wert	Auszahlg.	Einzahlg.	Neuer Saldo	Kto.-Inhaber	

Formular 25.   **Kassenquittung.**

Von

f. Rchng.   Quittung

Alter Saldo

w/ Kto.   Zhlg. dch.

Kd.-Nr.	B.-Nr.	val.

Einzhlg.   Mark

Neuer Saldo

R.-M.

Erh. z. h. besch.   N...Bank

Formular 26.

Belastungsaufgabe für Barauszahlungen.

N...Bank

Firma

w/Konto

Wir buchen in Ihr Soll:

Abhebung   Zhlg. an   Neuer Saldo

Kd.-Nr.	B.-Nr.	val.

Alter Saldo   R.-Mark

R.-M.   N...Bank

Die eingerahmten [ ] Stellen zeigen die Karbonisierung an.

Vielfach werden für die Kassenverbuchungen auch Registrierkassen verwandt. Der Kassierer kann dabei in den Lauf der Kontrolle mit einbezogen werden. Die an ihn abzuliefernden Unterlagen versieht er mit der einen Hälfte einer Doppelmarke, die den Charakter des Postens symbolisiert, die andere Hälfte händigt er dem Kunden aus. Bei den gleichzeitige Kontierung nach fünf Gesichtspunkten zulassenden Maschinen kann jeder Vorgang auf einmal

Horizontalübertragsformulare.

Übertr.-Prima-Nota vom 192									Ü Folio
Wert	Kto.-Nr.	Per K.-Kt.-Kto. an Übtr.-Kto.	Buch-Nr.	R.-M.	Per Übtr.-Kto. an an K.-K.-Kto.	Kto.-Nr.	Wert		Per Kto.-Kt.-Kto. an Prov.-Kto.

Volksbank in Köln.   Köln, ...

Wert	Kto.-Nr.	An	Buch-Nr.	R.-M.	beorderte Vergütung an

.... für Rechnung von .... w/......................

Spesen mit R.-M. ....Wert .... zu Ihren Lasten

Hochachtungsvoll

Volksbank in Köln.

Formular 28.
Übertragsprimanota.

Formular 29.
Sollanzeige.

Volksbank in Köln.   Köln, ... 192......

Wert	Kto.-Nr.	Vergütung von	Buch-Nr.	R.-M.	An	Kto.-Nr.	Wert

.... für Rechnung von .... im Auftrage von ....

Abtr.!

Hochachtungsvoll

Volksbank in Köln.

Formular 30.
Habenanzeige.

festgehalten werden. Bei den älteren Systemen[1]) benutzt man zwei Einzelzählwerke zur Aufnahme von Kassa-Soll und Haben, zerlegt die Buchung in zwei Teile und nimmt zur Erhöhung der Sicherheit, systematisch zerlegt, zuerst die Gutschriftsbuchung, dann nach Umschaltung des ersten Zählwerks und nach Eindrücken des zweiten unter Beibehaltung der vorigen Tasten- bzw. Schiebereinstellung die Belastung vor. Da bei diesem Verfahren für alle Sachkonten nur je ein Soll- und Habenzählwerk vorhanden ist, muß hier wieder eine Zergliederung der Sachkontenposten auf Großaddiermaschinen ähnlich wie beim zweigängigen Verfahren die der Kontokorrentposten vorgenommen werden. Als Unterlage dienen die Kontrollzettel der Maschinen. Der Formularaufbau geht aus Formular 5—7 hervor.

b) Die Reichsbankgiro- und Postscheckabteilung
(s. Formular 31/33).

Die Formulartechnik unterscheidet sich nur im Textvordruck von der im Kassenbetrieb, die Maschinen sind in beiden Abteilungen dieselben. Die interne Bestandskontrolle durch Addiermaschinen bzw. Registrierkassen kommt in Wegfall, für die Dispositionen genügen die aus den Maschinen für die laufende Buchung ersichtlichen Zahlen. Es empfiehlt sich, eine Scheidung vorzunehmen in eine Ausführungs- und Buchungsabteilung. Die letztere bucht auf Grund der Postscheckbelege bzw. der Girokarten die Eingänge im Durchschreibeverfahren. Die Ausführungsabteilung arbeitet im allgemeinen zweigängig infolge des Mangels eines auch von der Reichsbank und den Postscheckämtern anerkannten Einheitsformulars. Eine gewisse Arbeitserleichterung ist aber auch hier möglich durch die Zusammenstellung von Sammelüberweisungen auf Großaddiermaschinen oder schreibenden Rechenmaschinen, wozu sich die Ellis eignen würde, auf der es einigen Betrieben gelungen ist, auch die Sammelüberweisungsformulare für Reichsbank und Postscheck mit in die Primanota einzubeziehen. Es können in diesem Falle dann alle Unterlagen, also Schecks, Aufgabe, Avis und Primanota angefertigt werden. Solange jedoch Reichsbank und Postscheckamt an ihrem alten Schema festhalten, ist eine völlige Ausnutzung des Durchschreibeverfahrens nicht zu bewerkstelligen. Die auf diesem Gebiete bisher aus Bankkreisen unternommenen Versuche schlugen fehl, es sollen jedoch von der Reichsbank aus demnächst Änderungen erfolgen, die den Bestrebungen der Beteiligten entgegenkommen. Näheres darüber liegt noch nicht vor.

---

[1]) So Thomas: A. a. O. S. 270.

Formular 31.   **Reichsbankgiroformulare.**

Reichsbank - Prima - Nota vom .... 192......							Folio
Wert	Konto-Nr.	Konto-Inhaber	Buch-Nr.	Per Kto.-Korr.-Kto. An Reichsbank-Kto.	Per Reichsbank-Kto. An Kto.-Korr.-Kto.	Empfänger	Per Kto.-Korr.-Kto. An Provisions-Kto. (Spesen)

Formular 32.

Volksbank Köln
R

Wir buchen für Ihr **Haben**   Köln, den .... 192......

Wert	Konto-Nr.	An	Buch-Nr.		R.-M.	von	ferner Spesen zu Ihren Lasten
		für Rechnung von		Reichsbank-vergütung wegen			

Hochachtungsvoll
Volksbank Köln

Formular 33.

Volksbank Köln   Wir buchen für Ihr **Soll**   Köln, den .... 192......

Wert	Konto-Nr.	An	Buch-Nr.	R.-M.		an	ferner Spesen zu Ihren Lasten
		für Rechnung von		wegen	Reichsbank-vergütung		

Hochachtungsvoll
Volksbank Köln

c) Die Abrechnungsabteilung.

Der Zahlungsausgleich im Platzverkehr zwischen den Instituten, die untereinander kein Konto führen, erfolgt durch die Abrechnungsabteilung, die in direkter Verbindung mit der Abrechnungsstelle der Reichsbank oder den entsprechenden Einrichtungen am Platze steht. Da für die Einlieferung feste Stunden vorgesehen sind, erfolgt die Bearbeitung der die Abrechnung betreffenden Unterlagen in den anderen Abteilungen stets vorzugsweise. Die ausgefertigten Formulare gelangen nebst den Originalunterlagen, wie Schecks, Wechsel, Quittungen usw., aus der entsprechenden Verkehrsabteilung an die Abrechnungsstelle innerhalb der Bank. Die verwandten Formularsätze enthalten nur eine Anzeige und eine in der Abrechnungsstelle verbleibende Kopie; sie sind zur raschesten Erledigung möglichst nur mit einer Nummern- und einer Betragsspalte ausgestattet. Die Normalisierung der Formulare zwischen den verschiedenen Konzernen ist noch nicht so weit, daß hier eine Abwälzung der Schreibarbeit des ersten Arbeitsganges auf die aufgebende Stelle vorgenommen werden kann. Die Abrechnungsstelle ordnet nur die für dieselben Institute einschließlich deren Filialen bestimmten Unterlagen, stellt ihre Endzahlen für jeden einzelnen Teilnehmer am Abrechnungsverkehr zusammen, sodann auf einem besonderen Bogen deren Endsalden. Für diese Arbeiten kommen vor allem die Großaddiermaschine, die Ellis und die Moon Hopkins in Frage; das textlose Arbeiten der Großaddiermaschine verschlägt infolge der Vordrucke auf den Formularen nichts.

d) Die Übertragsabteilung.

In ihr werden alle Vergütungen erledigt, die auf bei der Bank selbst geführten Konten beordert wurden; in ihrer einfachsten Form berührt sie also lediglich die Personalkonten. In der Ausführung der Kontenüberträge unterscheiden sich ein- und zweigängiges Verfahren grundsätzlich. Zunächst muß bei dem eingängigen Verfahren ein sich täglich ausgleichendes Umbuchungskonto, das sogenannte Übertragskonto, unbedingt mit herangezogen, der Buchungsvorgang also in zwei Teile zerlegt werden. Gebucht wird jeweils eine Anzeige an den Auftraggeber bzw. Begünstigten evtl. noch, wenn es sich um Bankstellen handelt, eine Bestätigung der beiden an die vermittelnde Bank, ferner ein Registraturbeleg, eine Unterlage für die Kontokorrentstaffel, das Kontokorrent und die Spezialprimanota bzw. das Sachkontenblatt (s. Formular 28—30). Ein weiterer Ausbau des Durchschreibeverfahrens würde nur die Arbeiten der begünstigten Stellen erschweren, bestimmt aber keine Erleichterung bringen. Wesentlich sind diese bei Betrieben, die sich des zweigängigen

Verfahrens bedienen. Hat beispielsweise eine Zweigstelle — die
nebenbei ruhig eingängig eingestellt sein kann, wesentlich ist nur
das zweigängige Verfahren bei der begünstigten Stelle — im Auftrage eines Kunden an einen Kunden der Zentrale eine Vergütung
vorzunehmen, so fertigt jene einen Formularsatz an (s. Formular 27),
der folgende Einzelblätter enthält:

Formular 27.

Vertikalübertragsformular.

Volksbank Köln

Zahlstelle am Dom

Volksbank

Köln

══════-Konto Nr. ══════ Ihr............-Konto Nr. VI/50 Datum 192

Im Auftrag unseres Kunden

bitten wir zu Lasten unseres Kontos zu vergüten

Wert: ══════ R.-M. .... Wert ....

Für

an

Volksbank Köln

Zahlstelle am Dom

Der Formularteil links von der punktierten Vertikallinie wird bei einigen
Formulardurchschlägen als für diese wertlos abgetrennt.

1. die Anzeige an die Zentrale,
2. deren Bestätigung an die Zweigstelle,
3. die Anzeige an den Kunden der Zentrale,
4.—5. interne Unterlagen für die Zentrale,
6. die Belastung des Auftraggebers,
7.—8. interne Unterlagen für die Zweigstelle.

Wird der Verkehr der Filialen untereinander über die Zentrale geleitet, so kann ferner noch die Korrespondenz für die Filiale mit einbegriffen werden. Im allgemeinen geht jedoch das Bestreben dahin, dieses System, daß der ganze Buchungssatz zuerst über die Zentrale läuft, diese so mit der Sorge für die Weiterleitung belastet, abzulösen durch ein Verfahren, daß den Großteil der Arbeit auf die Stellen abwälzt. In diesem Falle würde also die begünstigte Filiale die Zentrale in einem Formularsatz bitten, sie für den Betrag zu erkennen. Die beiderseitigen Buchungen werden vorher bereits bei den Stellen getroffen, diese also unbedingt sichergestellt.

Um eine Vollständigkeit des Vorganges zu gewährleisten, werden die nach auswärts gehenden Formulare hintereinander angeordnet. Die Anfertigung der Unterlagen in Kopierdruck vereinfacht die Ausnutzung des Verfahrens sehr, da durch die Preßkopien jeweils Durchschläge eingespart werden. Für die Formulare wird ein dünnes, pergamentartiges Papier verwandt, das genügend leserliche Durchschläge zuläßt. In den begünstigten Stellen werden die Unterlagen sodann zur Vorkontrolle für die tägliche Bilanz auf einer Großaddiermaschine journalisiert und in die Belege für den zweiten Arbeitsgang eingeordnet. Besonders einfach gestaltet sich dieses Verfahren bei der Verwendung der mechanischen Hilfsmittel Hollerith und Power, wo die Journalisierung gleich im Tagesauszug erfolgt und der eigentliche zweite Arbeitsgang fast ausschließlich von Hilfskräften vorgenommen wird. Im Verhältnis zum eingängigen Verfahren, das 4 bis 5 Kontokorrentbuchungen mit jeweiliger Saldenvortragung erfordert, wird nach diesem Verfahren zwar die gleiche Zahl, aber weniger komplizierter Buchungen über das Kontokorrent und die einmalige einfache Ausfertigung des Formularsatzes erforderlich.

2. Die Büros für die Scheck- und Wechselbearbeitung.

Die Bearbeitung des Scheck- und Wechselmaterials erfolgt in besonderen Untergruppen für Inkassoschecks, Mark- und Kurswechsel. Die Eigenart des Abrechnungsverkehrs bedingt stellenweise hierzu eine jeweilige Unterteilung in Platz-, Konzern- und Bezirkswechsel, wodurch gleichzeitig die weitere Bearbeitung im Konzern erleichtert wird. Der Massenverkehr in Rimessen erfordert im allgemeinen innerhalb jeder Untergruppe eine zweigängige

Bearbeitung, wodurch wieder eine vorteilhafte Kontrolle für die Überwachung der Bestände möglich wird.

a) Die Scheckinkassostelle.

In der Posteingangsstelle erfolgt sofort Benummerung der Inkassos Stück für Stück und der entsprechenden Einlieferungsschreiben. Die Eingänge gelangen zum Kontrolleur, wo Übereinstimmung der Originalschecks mit den dazu gehörenden Anschreiben geprüft wird und die Festsetzung der Gutschriftsvaluten erfolgt. Früher wurden nun zunächst die Eintragungen in das Kopierbuch vorgenommen. Dieses wird heute im allgemeinen ersetzt durch Durchschläge der Eingangsprimanota, in die nachher die entsprechenden Spalten aus der Ausgangsprimanota handschriftlich beigetragen werden (s. Formular 36). Einzelne Betriebe wälzen diese Arbeit auf den Einlieferer ab, indem sie diesen einen spezialisierten Einlieferungsschein ausfertigen lassen und die Einzelposten wieder mit Eingangsnummern versehen. Stellenweise wird auf die konzentrierte Zusammenfassung der Einzelheiten im Kopierbuch ganz verzichtet, und man begnügt sich mit gründlicher Durchnumerierung der Einzelposten, wobei man von der Erwägung ausging, daß in den seltensten Fällen auf das Kopierbuch zurückgegriffen werden muß und man dann auch mit den Ein- und Ausgangslisten bzw. Skontren auskommt. Nach den Einlieferungsschreiben wird nun die Verbuchung des Scheckeingangs vorgenommen (s. Formular 34—36), während die Originalschecks inzwischen nach Plätzen für die Anfertigung der Ausgangslisten geordnet und giriert werden. Aus der Eigenart der Verknüpfung der Bankstellen untereinander durch den Inkassover-

Formular 34.

Gutschriftsanzeige.

<table>
<tr><td colspan="2">VOLKSBANK in Köln.</td><td colspan="4">Köln, ...</td></tr>
<tr><td colspan="2">Wir haben Sie für eingereichte Schecks bzw. Wechsel laut nachstehender Abrechnung erkannt.

Kto. loro</td><td colspan="4">Firma ....
VOLKSBANK
....
Boppard
a./Rh.</td></tr>
</table>

Alter Saldo	Buchungstext Ort | Verfall	Kd.-Nr.	Wechs.-Nr.	Wert	Bezogener	HABEN	Neuer Saldo
......2770.00	Kleve Scheck	53	3410	18.10	Volksb.Kleve	500.00	......2270.00

Formular 35.

Wechsel-Eingangs-Primanota.

Per Wechsel-Konto   Wechsel-Primanota vom 192

Alter Saldo	Buchungstext		Kd.-Nr.	Wechs.-Nr.	Wert u. ü. V.	Bezogener	Kto.-Korr.-Kto. HABEN	Neuer Saldo	Kontoinhaber	
	Ort	Verfall								
...... 2770.00	Kleve	Scheck	53	3410	18. 10		500	... ...2270.00	Volksb. Boppard	1

Formular 36.

Wechselkopierbuch.

Wechsel-Eingangs-Buch   vom 192

Ausst. Dat. und Ort	Buchungstext		Kd.-Nr.	Wechs.-Nr.	Wert u. ü. V.	Bezogener	Nennwert	Aussteller	Gesandt an am:	Gegenwart Eingeg. am:	Einreicher	
	Ort	Verfall										
15. 10. V. B. Kleve	Kleve	Scheck	53	3410	18. 10.	V.B. Kleve	500	A. Janssen	V.B. Kleve		Volksbank Boppard	1

kehr ergeben sich beim zweigängigen Verfahren wieder große Anwendungsmöglichkeiten für das Durchschreibesystem. Hat beispielsweise eine Bank an die Filiale einer Zentralstelle Rimessen gesandt und findet die Verrechnung über die Zentrale statt, so können seitens der Filiale bei Verwendung von Schreibmaschinen mit Rechenvorrichtung folgende Unterlagen evtl. mit Kopie genommen werden:

1. der Auftrag der Filiale an die Zentrale, sie für den Betrag zu belasten,

2. die Buchungsbestätigung der Zentrale an die Filiale,

3. die Gutschriftsaufgabe der Zentrale an die einreichende Bank.

4. die Sollübertragsprimanota für die Zentrale (per Filiale an Übertragskonto),

5. die Habenübertragsprimanota für die Zentrale (per Übertragskonto an Einreicherbank),

6. die Wechseleingangsprimanota für die Filiale,

7. das Wechseleingangsskontro,

8. evtl. das Kopierbuch (s. o.).

Je nach dem Betriebsaufbau werden die Buchungen 6—8 in Form einer Spezialprimanota oder auf Einzelzetteln geführt, letzteres im allgemeinen dann, wenn man sich der Verbindung Schreibmaschine-Großaddiermaschine bedient.

Der Formularsatz für einen Einreicherkunden, der beim eingängigen Verfahren auch allein für das vorgenannte Buchungsbeispiel in Frage kommt, umfaßt lediglich die Anzeige, die Primanota und das Skontro in den mehrfach ausgeführten Variationen.

Nach den inzwischen mit dem Giro versehenen und nach Einzugsstellen geordneten Originalschecks wird nun der Ausgang bearbeitet. Für die Abrechnung bestimmte Schecks werden mit Vorzug behandelt, kontenweise zusammengestellt und über eine besondere Primanota verbucht. Im übrigen entspricht dieser zweite Arbeitsgang dem vorherigen. Zur Kontrolle der umsatzmäßigen Richtigkeit werden Ein- und Ausgangszahlen unter Berücksichtigung etwaiger Bestände gegenübergestellt. Einige Betriebe lassen Ein- und Ausgangslisten gegeneinander auskreuzen, wobei die jeweilige Nummer des Postens in dem Skontro bzw. der Primanota in eine besondere Spalte eingesetzt wird.

Rückschecks werden entsprechend behandelt. Die Kontrolle erfolgt auf Grund der laufenden Buchungsnummer. Bei der Verwendung von Registrierkassen erfolgt entsprechend dem Vorgang bei der Kasse stellenweise eine nochmalige Zweiteilung der beiden Arbeitsgänge. Die von der Maschine abgegebenen Buchungszettel dienen der Ausgangskontrolle. An Stelle zusammenhängender Ausgangsprimanoten benutzt Sölter[1]) die Kopien der Ausgangslisten, die er in Registraturmappen bis zum Eingange des Gegenwertes aufbewahren und erst nach Eingang des Gegenwertes ablegen läßt. Dieses Verfahren hat jedoch die Verbuchung des Rimessenausganges erst nach Eingang des Gegenwertes zur Voraussetzung und läßt sich nur anwenden, wenn die Zahl der auswärtigen Scheckempfänger gering ist, wie z. B. bei Sparkassen, die ihre auswärtigen Inkassorimessen geschlossen an die Landesbank geben. Die Zusammenstellung des Wechselausganges erfolgt bei Sölter auf Großaddiermaschinen. Die gleiche Überwachung des Einganges der Inkassogegenwerte erfolgt sonst im allgemeinen durch die Dispositionsstelle.

b) Das Wechselbüro.

Für die betriebstechnische Bearbeitung der Markwechsel sind diese unterzuteilen in Gutschriftsrimessen und Depotrimessen, wobei erstere wieder unterzuteilen in E.-v.-Rimessen (Gutschrift Eingang vorbehalten per Fälligkeitstag) und Diskonten (Gutschrift per Einlieferungstag). Der Behandlung der E.-v.-Rimessen entspricht großenteils der der Inkassoschecks.

Für die Abrechnung der Diskonten wird eine besondere Rechnereistelle notwendig, die sich zur Feststellung von Zinsbeträgen der Kleinrechenmaschinen bedienen können. Die von ihnen hergestellten Abrechnungen werden von einem Kontrolleur auf rechnerische Richtigkeit geprüft und gelangen dann zur Maschinenabteilung. Zur Anwendung können sämtliche genügend Text schreibende Maschinen gelangen, jedoch hat die Moon-Hopkins-Maschine (s. Formulare 9—10), den Vorteil, daß sich der genannte Kontrolleur einsparen läßt. Die mechanische Verbuchung erfolgt im allgemeinen zweigängig. Im ersten Gange wird durch einmalige Durchschrift festgehalten:

1. die Abrechnung bzw. Gutschrift für den Einreicher,
2. der Durchlag für die Registratur bzw. das Kontokorrent,
3. Unterlagen für das Einreicher- und
4. für das Akzeptantenobligo,
5. Unterlagen für die Verfallkontrolle,
6. die Wechselprimanota,
7. das Wechselskontro,
8. Wechselkopierbuch.

Für Ausgangsbuchungen wird die Gutschriftsangabe durch eine Versandliste, die Unterlagen für das Obligo durch eine Ausgangsobligokarte ersetzt, die jeweilig den genannten Stand der eigenen Wechselverpflichtungen der Bank gegenüber ihren Rediskontstellen

---

[1]) A. a. O. S. 2.

mechanisch ausweist. Statt der mechanischen Errechnung findet man stellenweise noch die manuelle [1]) in Verbindung mit einer Maschinenbuchung. Die Unterlagen werden übersichtlich abgelegt und von Vertrauensbeamten dauernd überprüft. Der Zugang an Depotrimessen im Wechselportefeuille ergibt sich bei der täglichen Bilanz aus dem zu den lebenden Rimessendepotkonten als Gegenkonto geführten toten Rimessendepotsammelkonto, der Bestand selbst aus einer Zusammenstellung des Verfallbuches auf einer Großaddiermaschine. Ein anderes Verfahren bezieht die Depotrimessen überhaupt nicht in den allgemeinen Buchungsgang mit ein. Der Einreicher erhält lediglich eine Empfangsbestätigung, der Gegenwert wird nach Eingang sofort durch Übertragsbuchung von der bezogenen Bank bzw. der Ausgangsstelle oder über Reichsbankgirokonto oder ähnliches dem Kontokorrentkonto des Kunden gutgeschrieben, das Wechselkonto also gar nicht berührt. Da hier eine Einzelüberwachung der Rimessen (Eingang — Ausgang — Gutschrift) notwendig wird, ist mit diesem Verfahren kaum eine Arbeitersparung verbunden.

Ein anderes Verfahren greift zur Zerlegung der Wechseleingangsbearbeitung in zwei Gänge, von denen im ersten das Kopierbuch, die Unterlagen für die Obligo- und Verfallkontrolle, im zweiten die Abrechnungen angefertigt werden. Hierdurch wird vermieden, daß von jedem Wechsel eine besondere Buchung angefertigt werden muß; es ist somit möglich, wie früher die von einem Einreicher hereingegebenen Wechsel auf einer Rechnung und in einem Kontokorrentposten festzuhalten und eine Mittelvaluta, wie das auch bei E.-v.-Rimessen gelegentlich geübt wird, anzusetzen.

Eine bequeme Überwachung des Wechselverkehrs ermöglicht das Hollerith-System. Die Lochkarte enthält zu diesem Zwecke besondere Obligo- und Verfallspalten, ferner solche für das Ausgangsdatum und den Empfänger, die erst beim Versand des Wechsels nachgelocht werden. Eine jeweilige Ordnung nach dem entsprechenden Gesichtspunkte liefert dann über die Tabelliermaschine die gewünschten Unterlagen, die zweckmäßig in kurzen Zeitabschnitten aus dem ganzen Kartenvorrat angefertigt werden, um eine weitestgehende Kontrolle zu erhalten.

c) Die Kurswechselstelle.

Zum Zwecke besserer Behandlung gliederte man die Bearbeitung der Währungsrimessen der Wechselabteilung an. Es werden hier im allgemeinen die gleichen Arbeiten vorgenommen wie in der Scheckinkasso- und Wechselstelle. An Maschinen empfiehlt sich die Mit-

---

[1]) So Egler: a. a. O. S. 79.

verwendung von solchen mit englischen Pfundzählwerken. Will man diese umgehen, so nimmt man im Rechenwerk die Umrechnung auf das dekadische Rechensystem vor. Ein Devisendepotkonto nimmt die Stellung des vorherigen Rimessendepotkontos ein. Zu Abstimmungszwecken rechnen einige Betriebe sämtliche Währungsposten des laufenden Tages über zwei besondere Zählwerke auf Reichsmark um. Die internen Unterlagen überragen zu diesem Zwecke die Aufgaben an die Kunden rechts seitlich. Im allgemeinen wird jedoch nur der Währungsbetrag zu einem fingierten Buchungskurse (z. B. 1 Pfund = 1 Mark) eingesetzt. Der übrige Arbeitsgang in der Kurswechselabteilung ergibt sich aus den Darlegungen über die Devisenabteilung.

3. Die Devisenabteilung.

Die engere Devisenabteilung zerfällt bei Großbetrieben in die Untergruppen Händlerbüro mit der Börsenstelle, die Abrechnung, Scheckausschreibung, Sortenkasse und Sortendepot. Die übrigen Arbeiten werden zur zweckentsprechenderen Erledigung auf andere Abteilungen verteilt, die Kurswechsel in die Wechselabteilung eingegliedert, die Währungskonten in der Buchhaltung bzw. Dispositionsstelle geführt, Währungsüberträge auf Lorokonten in der allgemeinen Übertragsstelle, solche über Nostrokonten nur nach Anweisung des Devisenchefs durch die gleiche Abteilung vorgenommen. Die Dispositionen erfolgen auf Grund der Eigenbestände, der Kundenguthaben und der Guthaben bei Nostrobanken. Die diesbezüglichen Listen sind auf Großaddiermaschinen oder der Power bequem anzufertigen. Erst eine Unterstelle der Bilanzabteilung faßt die so dezentralisierte Geschäftsabteilung wieder zusammen. Kleinere Betriebe bedienen sich öfters des zentralisierten Aufbaues, der sich jedoch organisch aus der Zusammenlegung der im folgenden beschriebenen Arbeitsgänge ergibt. Formulartechnisch empfiehlt sich stets, die Einzelunterlage nur für eine Hauptbuchseite anzufertigen, nach der Geschäftsart Sonderformulare für Abschlüsse Mark gegen Währung, Währung gegen Währung und Währung auf Termin anzulegen.

a) Das Händlerbüro.

Neben den für den Devisenhändler bestimmten Arbeitssicherungen im Händlerbüro durch Leuchtsignale, Phonographen, Telephonzentralen, den Arbeitserleichterungen durch Zuhilfenahme des Loga-Kalkulators und der Handrechenmaschine können für die verarbeitenden Abteilungen durch maschinelle Hilfsmittel und das Durchschreibeverfahren hier schon wertvolle Unterlagen gewonnen werden. Aus dem weiteren Betriebsaufbau ergibt sich zunächst die Anlage des

Händlerzettels. In Betrieben mit zweigängigem Arbeitssystem, wo man auf die spätere Kontrolle durch Beleghefte verzichten kann, werden in einmaliger Durchschrift angefertigt:

1. der Abschlußzettel für den Gegenkontrahenten, wovon eine Preßkopie an die Registratur geht,

2. die Unterlage für die Händlerroh- und -reinstaffel,

3. die Unterlage für die Abrechnungsstelle,

4. ein im Händlerblock verbleibender Beleg für die Revisionsstelle.

Die Kontrolle durch die Revisionsabteilung erfolgt durch Verwendung von verschiedenen Blocks für die einzelnen Geschäftstage.

Nach Beleg 2 bucht der Händler zunächst seine eigene Rohstaffel und gibt ihn dann zur Reinstaffel. Je nach ihren weiteren Funktionen wird sie am besten manuell, auf Schreibmaschinen oder der Moon Hopkins angefertigt. Zur Anwendung gelangen nach Währungen getrennte Loseblattbogen, die Durchschläge für die täglichen Dispositionen enthalten können. Die Buchung mit der Moon Hopkins ermöglicht gleichzeitig die genaue Errechnung des Tagesgewinnes. Soll dieser völlig geheimgehalten werden, so läßt man seine Errechnung auf Grund des Durchschlages in der Bilanzstelle vornehmen und bucht auf der gewöhnlichen Schreibmaschine. Unterlage 3 gelangt zur Rechnereistelle.

b) Die Devisenrechnereistelle.

Bei dem eingängigen Verfahren wird auf Grund des dann nicht weiter spezialisierten Händlerbeleges die Unterlage für die Kundenanzeige vorbereitet. Man benutzt auch hier Formularblöcke: das Original geht zur Maschinenabteilung, ein Durchschlag bleibt im Block und dient später zur letzten Kontrolle der von der Maschinenabteilung zurückkommenden Belege. Für die zweigängige Arbeitsweise haben diese Belegbücher weiter keine Bedeutung, die Abrechnung erfolgt auf dem Händlerzettel. Die Beamten bedienen sich zur Errechnung der ausmachenden Beträge der nichtschreibenden Vierspezieskleinrechenmaschine. Die Rechnereizettel werden auf Richtigkeit kontrolliert, jedoch läßt sich dieser Posten bei der Verwendung der Moon Hopkins für die nun folgende mechanische Buchung einsparen. Für die interne Verrechnung kommen die verschiedenen schon angedeuteten Formularsätze in Frage. Bei einem Schluß Mark gegen Währung sind folgende Durchschläge zu erreichen (s. Formular 37—40):

1. die Aufgabe an den Gegenkontrahenten mit genauer Spezifikation des ausmachenden Betrages,

2. eine Anzeige an die Nostrobank (fällt beim eingängigen System fort),

3. eine interne Anzeige an die Übertragstelle,

4.—5. Kopien zu 1 und 2 für die Registratur bzw. die Kontokorrentstaffel,

6.—7. Skontrenbelege. Dieses wird für größere Betriebe nach einem angenommenen Buchungskurs für die Währungskonten und die Bestandsrechnung und nach dem ausmachenden Betrage (Tageskurs) für die Gewinnerrechnung geführt. Bestände dürfen sich bei glattem Geschäftsgang keine ergeben,

8.—9. eine Mark- und eine Währungsprimanota, die nur die sie jeweils interessierenden Beträge aufnimmt.

Verhältnismäßig schwerfällig wird dabei der Text auf dem Journalbogen, wo es nicht immer verhindert werden kann, daß an sich zusammengehörige Bezeichnungen nicht in nebeneinanderliegende Spalten gelangen.

Bei Verwendung von rechnenden Schreibmaschinen ist der Formularaufbau langgestreckt, die Anordnung schuppenförmig. Die gewöhnliche Schreibmaschine und die Moon Hopkins lassen die alten Anlagen der Formulare zu.

Das eingängige Verfahren zerlegt im allgemeinen die einzelnen Vorgänge; die dadurch leicht mögliche Undurchsichtigkeit kann durch vollständige Anfertigung des Formularsatzes in der Abrechnungsstelle mit anschließender Verteilung auf die Kontokorrentabteilung umgangen werden.

Schwierige Formularbildungen weisen die Arbitrage und Termingeschäfte auf, wobei es wichtig ist, die gleichzeitig verschiedenen Zwecken dienenden Einzelspalten der Formulare auf der Primanota so anzuordnen, daß hier die Übersicht erhalten bleibt. Der Kopf einer Primanota für Arbitragegeschäfte weist folgende Spalten auf, wobei die Devisenkonto-Habenspalten in Rot-, die Sollspalten in Schwarzdruck erscheinen (s. Formulare 45—47 und auch Formulare 41—44):

1. die laufende Buchungsnummer,

2. Devisenkonto Buchkurs Haben,

3. Wertstellung zu 2,

4. per Devisenkonto Buchkurs an Währungskontokorrent; hier wird die Konto-Nostroverbindung eingesetzt,

5. Kontrahent,

6. Devisenkonto Buchkurs Soll,

7. per Währungskontokorrent an Devisenkonto Buchkurs, s. o. Nr. 4,

8. Wertstellung zu 7,

9. Umrechnungskurs,

10. Kontokorrentkonto Markrechnung des Kontrahenten, an Devisenspesenkonto (val. dto.),

Formular 37.

An Per	Währgs.-Betr. Währgs.-Ausgl. Kto.P.Kto.-K.- Kto. Währg.	Die Markbeträge d. Spalte 2 sind der dabei in Spalte 4 vermerkten Firma zu kreditieren	Eingang Köln, den .... 192 Devisen-Prima-Nota										Ia Devisen Folio	
Buch-Nr.	R.-M.-Betr. Per Kto.-K.- Kto. M. An Kto-K.- Kto M.	Wert	Die Währgs.-Betr. der Nostrostelle zu belasten, die Markbetr. (Sp. 13) dem eingesetzten Kontrahend (Sp. 5) zu kreditieren	Die Markbetr. der Spalte 2 sind zu belasten dem Kontrahenten	Per Devis.-Kto. Kurswert	Kurs	Wert d. belasteten Markbetr. per	An Devis.-Stempel-Konto	An Devisen Provis.-Konto	An Devisen Spesen-Konto	Per Devisen Spesen-Konto	An Kto.-Korr.-Kto. Mark	Schluß-Nr. und Zahl.-Nr.	Per Devisen Stpl.-Kto. An Finanzamt Konto Devisen
1	2	3	4	5	6	7	8	9	10	11	12	13	14	15

Formular 38.

Köln, den 192

Volksbank Köln

R

Wir übernehmen von Ihnen _Ihrem gefl. Auftrage / unserer telephon. Vereinbarung_ zufolge die nachstehenden Währungsbeträge, wofür wir Sie wie beigesetzt auf Konto erkennen.

W 1 a

Buch-Nr.	Übernommener Währgs.-Betrag	Wert	den Sie uns anschaffen wollen bei	An Firma	Kurswert	Kurs	Wertstell. des kred. Markbetr.	Stempel	Courtage u. Provision	Depeschen Kabel- u. sonst. Spes.	Vergütender Stempel	Markbetrag Haben	Schluß-Nr.

Dagegen belasten wir Sie

mit | Vergütung an Hochachtungsvoll **Volksbank Köln**

Diese Vergütung des Markgegenwertes erfolgt vorbehaltlich rechtzeitigen Eingangs des übernommenen Betrages bei unserem Korrespondenten

Reichsstempelabgabe im M Abrechnungs-Verfahren heute verrechnet

Vermittelt durch:

Auftrag vom:

AVIS

Die nachgenannte Firma wird Ihnen den beigesetzten Betrag für unsere Rechnung vergüten

Buch-Nr.	Zu vergütender Betrag	Wert	An	Seitens der Firma

wofür Sie unser dortiges Konto unter Aufgabe an uns gefl. erkennen wollen

Hochachtungsvoll
Volksbank Köln

Formular 39.

Volksbank Köln

Köln, den ....

An Giro-Abteilung

Es sind zu überweisen zu Lasten von

am	An

Beleg nicht absenden!

Zwei Unterschriften:

Formular 40.

Formulare:

Währung gegen Reichsmark

Formular 37. Devisen-Eingangs-Primanota

Formular 38. Abrechnung

Formular 39. Avis an die Nostrobank

Formular 40. Auftrag an die Giroabteilung

11. derselbe an Devisensteuerkonto,

12. eine Spalte für das Devisenbilanzkonto zur Errechnung des Kursgewinnes,

13. Kontrollnummer des Abschlusses.

Von den Formularen umfaßt:

die Anzeige an den Kunden die Spalten 1—10,

die Benachrichtigungen an die Nostrobanken die Spalten 2—5 bzw. 5—8,

der Durchschlag für das Devisenbilanzkonto die Spalten 1—12,

das Devisenskontro die Spalten 5—7 für den Ausgang, 2—5 für den Eingang.

Bei einer Arbitrage auf Termin enthalten die Spalten 4 und 7 der Terminabrechnung nur die Angabe „Terminkonto". Das bei Fälligkeit verwandte Formular zeigt folgende Beschriftung (s. Formular 48—50):

Spalte 1 Buchungsnummer,

Spalte 2 überlassener Währungsbetrag,

Spalte 3 Wert zu Spalte 2,

Spalte 4 Angabe der Nostrobank zu 2,

Spalte 5 Kontrahent,

Spalte 6 übernommener Währungsbetrag,

Spalte 7 Angabe der Nostrobank zu 6,

Spalte 8 Wert zu Spalte 6.

Dazu kommt noch die Angabe, daß die entsprechenden Terminkonten ausgeglichen sind. Mit dieser Abrechnung sind außer den Aufgaben an die entsprechenden Nostrobanken Rückbuchungsanweisungen für das Terminkonto verbunden.

c) Die Scheckausschreibung.

Durch Verwendung von Verrechnungsmaschinen mit gesicherter Schrift kann hier die Anfertigung des Schecks mit den sonstigen Unterlagen gleichzeitig erfolgen. Beim zweigängigen Buchungsverfahren wird so gleichzeitig der Originalscheck, das Duplikat, die Kundenbelastung, die Benachrichtigung des Bezogenen nebst den entsprechenden internen Unterlagen, hierunter auch das Kopierbuch, angefertigt. Im Gegensatz zu ausländischen Betrieben hält man jedoch in Deutschland stellenweise diese Sicherung nicht für weitgehend genug und bedient sich weiterhin des früheren Verfahrens, wozu Betriebe mit eingängigem Buchungssystem ohnehin gezwungen sind.

d) Die Sortenkasse und das Sortendepot.

Die Sortenkasse erledigt die An- und Verkäufe von Geldsorten und Noten gegen bar, Auszahlungen und Einzahlungen auf Notenkonten, das Sortendepot, die Verwaltung der Devisenbarbestände. Von jeglicher Arbeit mit Inlandsgeld ist diese Abteilung zu befreien, für das eingängige Arbeitssystem wird also für den Geldwechsel eine Zwischenschaltung des Umbuchungskontos erforderlich. Zur Abhebung bzw. Einzahlung der Markbeträge wird im Durchschreibeverfahren eine Beleggruppe angefertigt, von denen einer an den Kunden ausgehändigt wird als Anweisung an die Markkasse, ein weiterer als Abrechnung in den Händen des Kunden verbleibt und ein dritter als Unterlage für die unreine Sortenkasse und das Sortenbestandsbuch dient. Ein- und Auszahlungen auf Notenkonten wickeln sich wie bei der Hauptkasse ab. Die Korrespondenzen werden wieder mit den entsprechenden Unterlagen auf schreibenden Rechenmaschinen erledigt.

Die Kontrolle der Bestände ergibt sich aus einer Journalisierung der einzelnen Währungsposten in den Primanoten. Eine laufende Kontrolle der Bestände durch Maschinen, ähnlich wie bei der Hauptkasse, ist in den meisten Fällen eher eine Belastung für den Betrieb und kann durch übersichtliche Anlage des Kassenapparates und die Verpflichtung für die Sortenkassierer, alle über einen bestimmten Betrag hinausgehenden Bestände sofort an die Depotstelle bzw. an den Abteilungsleiter weiterzugeben, eingespart werden. Soll sie doch erfolgen, so scheinen Registrierkassen, deren Zählwerke jeweils der Aufnahme der einzelnen Währungsbestände, also einer rein sachlichen Registrierung dienen, noch am brauchbarsten zu sein. Zur abendlichen Abstimmung wird dann, wie bei der Hauptkasse, eine doppelte Journalisierung notwendig, und zwar nach dem persönlichen Konto für die Kontokorrentabteilung, nach dem sachlichen für die Dispositionen der Devisenabteilung. Periodische Bestandsaufnahmen für die Bilanzabteilung ergeben sich durch Zusammenstellung der Noten- und eigenen Bestandskonten mit den vorhandenen Beständen durch Registrierkassen oder Großaddiermaschinen.

e) **Die Devisenabstimmung und die Devisenbilanz.**

Zur Bestandsermittlung dienen die Händlerreinstaffeln, das Sortendepot und die Währungskonten, zur Gewinnermittlung hauptsächlich die Skontren. Sie werden für jede der Untergruppen gesondert in Blatt- oder Slipform geführt und täglich additionsmäßig zusammengestellt. Unter Berücksichtigung der schwebenden Posten ist somit eine tägliche Bilanz möglich. Zur Errechnung der Bilanzzahlen eignen sich die Großaddiermaschinen, am meisten wohl die Moon Hopkins. Die Verbindung zwischen den Buchkursskontren und dem Kontokorrent wurde früher über das eine tabellenförmige

Formulare für Arbitrageberechnungen auf der Underwood und der Moon-Hopkins (auch für die gewöhnliche Schreibmaschine verwendbar).

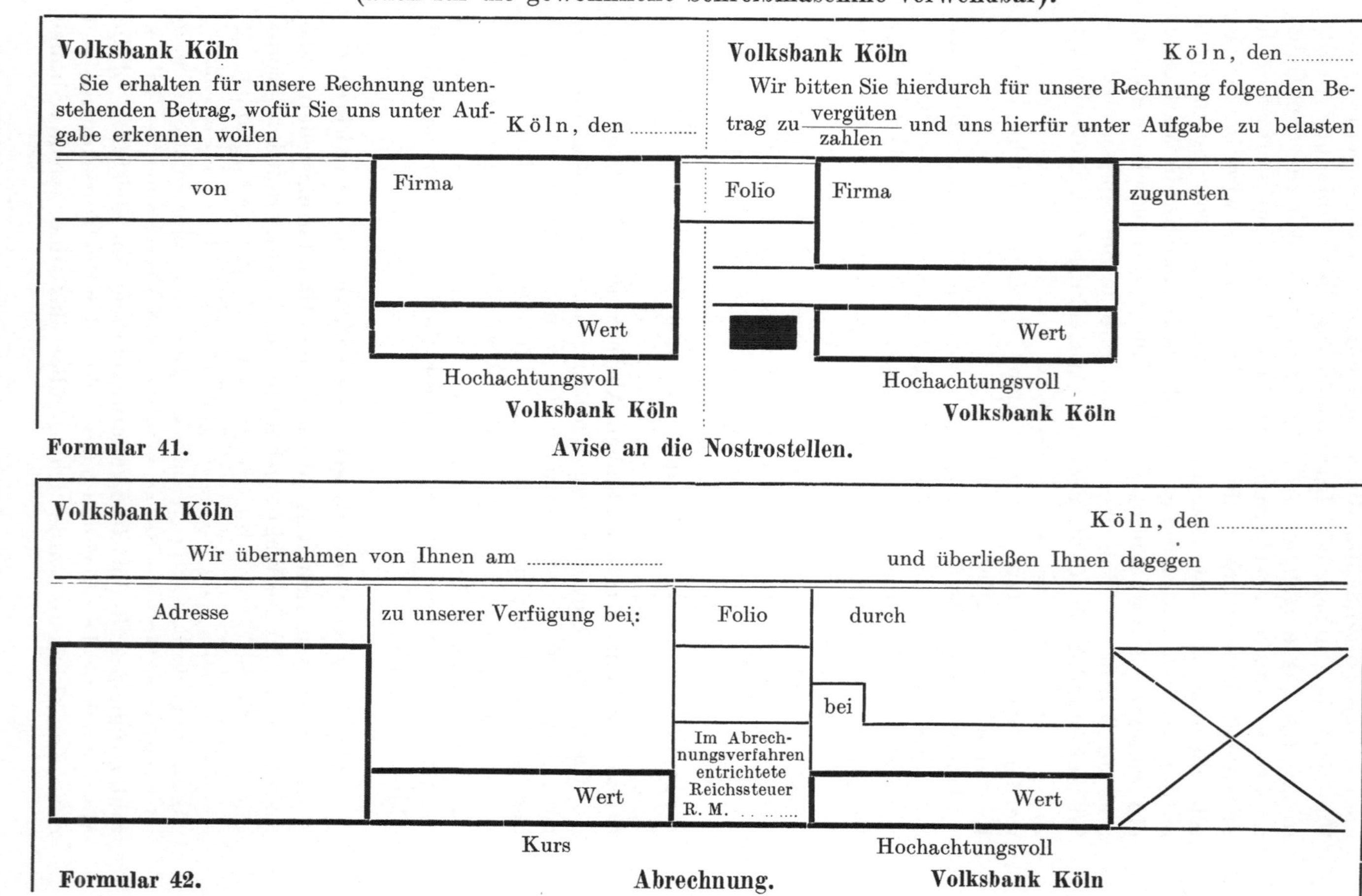

Formular 41.

Formular 42.

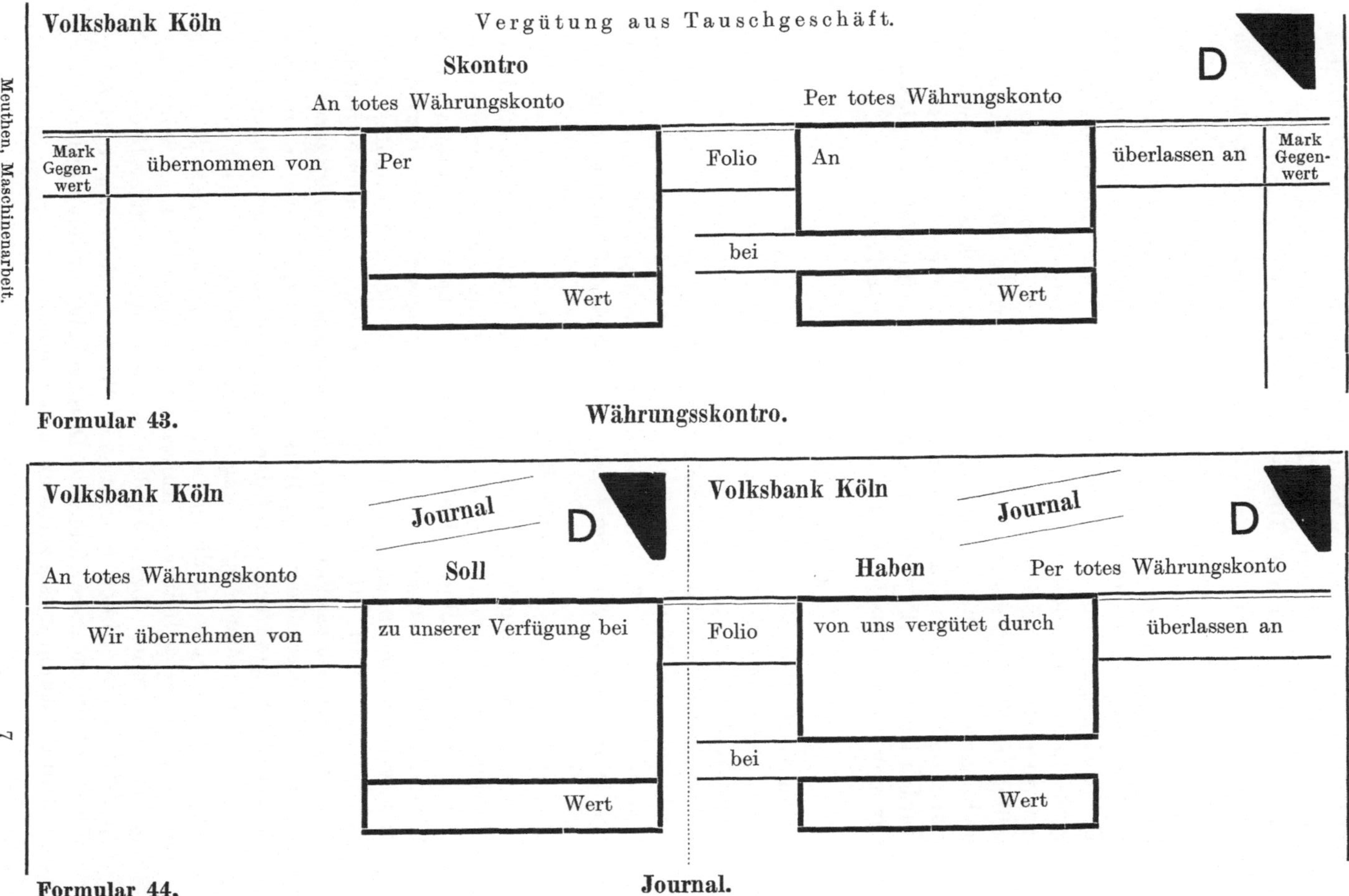

Volksbank Köln
Vergütung aus Tauschgeschäft.
D
Skontro
An totes Währungskonto
Per totes Währungskonto
Mark Gegenwert
übernommen von
Per
Folio
An
überlassen an
Mark Gegenwert
bei
Wert
Wert
Formular 43.
Währungsskontro.

Volksbank Köln
Journal
D
An totes Währungskonto
Soll
Wir übernehmen von
zu unserer Verfügung bei
Folio
bei
Wert

Volksbank Köln
Journal
D
Haben
Per totes Währungskonto
von uns vergütet durch
überlassen an
bei
Wert
Formular 44.
Journal.

Skontrierung der einzelnen Währungsposten des Kontokorrentkontos und des Währungszinsen- und Provisionskontos enthaltende Währungshauptbuch geleitet. Dieses nimmt heute nur noch die sich aus der maschinellen Journalisierung der Einzelposten ergebenden Gruppenadditionen auf, die täglich mit den Skontrosummen verglichen werden. Bestehende Differenzen im Umsatz werden sofort geklärt. Die monatliche Bilanz ergibt sich aus der Gegenüberstellung sämtlicher zum Ultimokurse umgerechneter Bestände unter Berücksichtigung der schwebenden Posten. Diese, die früher einen großen Raum bei den Kontrollarbeiten einnahmen, sind durch die nahezu restlose Tagfertigkeit des maschinellen Geschäftsganges fast völlig in Wegfall geraten. Erleichtert werden diese Zusammenstellungen durch die maschinell oder mechanisch gewonnenen Bestandszahlen, deren Umrechnung wieder maschinell vorgenommen werden kann. Der Periodengewinn wird durch die täglichen Gewinnsummen aus der Staffel zum großen Teil kontrolliert.

4. Die Effektenabteilung.

In Großbetrieben erfolgt eine Zerlegung des Effektenbüros in die Untergruppen: Börsenbüro, Abrechnungsstelle, Effektenkasse, Depotbuchhaltung und Tresorverwaltung, Kuponstelle. Die Art des Ineinandergreifens dieser Einzelgruppen in die Arbeiten der andern ist je nach den Handelsusancen und nach dem Betriebsaufbau verschieden; in jedem Falle ist jedoch eine weitgehende Anwendung des Durchschreibeverfahrens und maschineller Hilfsmittel erfolgt.

a) Das Börsenbüro.

Die Verwendung von Verrechnungsmaschinen kommt für diese Abteilung im allgemeinen nicht in Frage, wohl aber die der gewöhnlichen Schreibmaschine. Die am Kundenschalter angenommenen Börsenaufträge gelangen in doppelter Ausfertigung an eine Kartothek und werden hier nach Vormerkung durch den Disponenten nach persönlichen und sachlichen Gesichtspunkten zusammengestellt. Auf einer Schreibmaschine kann ein Auftragsbuch angefertigt werden, wovon ein Durchschlag dem Börsengänger ausgehändigt wird. Ausgeführte Aufträge werden auf den Zetteln als solche gekennzeichnet, evtl. im Auftragsbuch ausgetragen und gelangen je nach Stellung des Börsenjournals an dieses oder gleich zur Rechnereistelle. Nicht ausgeführte, etwa limitierte Aufträge verbleiben bis zur Ausführung in der Kartothek bzw. werden in ein dem Auftragsbuch entsprechendes Limitbuch eingetragen. Wird ein Ausführungsbuch geführt, so können dabei folgende Durchschläge erzielt werden:

1. die Ausführungsanzeige an den Kunden,

Arbitrage 111

Haben Köln, den .... 192 **Soll** Devisen-Prima-Nota Devisen Fol.

Buch-Nr.	Währ.-Betr. Dev.-Konto Haben als Nom.-Betr.	Wert	Per Auslands-Positions-Kto. An Kto.-Korr.-Kto. Währung	Kontrahent	Währ.-Betr. Dev.-Kto. Soll als Nom.-Betr.	Per Kto.-Korr.-Kto. Währung An Auslands-Posit.-Kto.	Wert	Kurs	Wert dato Per K.-Korr. Mark An Dev. Spe Kto.	Per K.-Korr.-Kto. Mark An Finanz. Kto. Devis	Per Dev.-K. An Dev.-Kt. Mark	Schluß-Nr.

Formular 46.

Volksbank Köln Köln, den .... 192 **W** $\frac{A}{3}$

A

Zufolge unserer heutigen Vereinbarung

Buch-Nr.	überließen wir Ihnen	Wert	die wir Ihnen anschaffen durch	An Firma	über-nahmen wir von Ihnen	die Sie für uns vergüten wollen an	Wert	Kurs	Wert dato Reichsst.-Abgabe zu Ihren Lasten M.	Wert dato Spesen zu Ihr. Gunst. mit M.
			bei	Hochachtungsvoll **Volksbank Köln**					heute im Abrechn.-Verfahren verrechnet	vermittelt durch:

Formular 47.

Köln, den .... 192 **Volksbank Köln**

AVIS

Die nachgenannte Firma wird Ihnen den beigesetzten Betrag für unsere Rechnung vergüten,
worüber wir Aufgabe erwartend bleiben

Die Firma	wird Ihnen für unsere Rechnung vergüten	An Firma	Wert

Hochachtungsvoll **Volksbank Köln**

Devisen-Arbitrage-Formulare.

Formular 45. Primanota.
Formular 46. Abrechnung.
Formular 47. Avis für die
Nostrobank.

2. der Abrechnungsauftrag an die Rechnerei,

3. ein Kontrollbeleg für die Effektenkasse,

4. eine Anweisung zur vorläufigen Buchung an die Depotbuchhaltung, wobei sich evtl. eine Zweiteilung nach Kunden- und Bankendepot empfiehlt,

5. eine Anzeige für das Gegengeschäft,

6. der in der Maschine verbleibende Journalbogen.

An Stelle von 2 wird oft die Originalabrechnung bis zur Kursspalte mit durchgeschrieben.

Statt dieser Organisationsform, die vor allem die Lieferungskontrolle der Effektenkasse und der Depotbuchhaltung überläßt, leiten andere Betriebe die Kontrolle über eine besondere Effektenkontrollstelle, die von der Effektenlieferstelle über jede Kassenbewegung benachrichtigt wird und so eine genaue Übersicht über die noch nicht vollends abgewickelten Geschäfte hat. Damit fällt auch die vorläufige Buchung jedes Einzelpostens im Depotbuch fort, woraus sich vor allem im Platzverkehr eine starke Einsparung von persönlichen Nebenkonten ergibt. Stellenweise kommt das Börsenjournal völlig in Wegfall, die entsprechenden Unterlagen werden dann mit der Effektenabrechnung zugleich angefertigt, eingespart wird außerdem die infolge der Tagfertigkeit der maschinellen Buchhaltung fast überflüssige Ausführungsanzeige. Ein ganz einfaches Verfahren ist in kleineren Betrieben möglich, indem der Orderzettel des Kunden zur Grundlage der ganzen Geschäftsabwicklung gemacht wird. Nach Hereingabe des Auftrages wird der Zettel in der Orderkartothek verwahrt, der Börsenbeamte macht sich danach seine Notizen. Ausführungskurs und Gegenkontrahent werden auf den Orderzettel geschrieben, dieser mit Nummernstempel versehen, die Abrechnungen auf ihm vorgenommen und diese nach ihm abgeschrieben. Dann benutzt man die Orderzettel zur Lieferkontrolle und legt sie erst nach erfolgter Lieferung in der Nummernfolge der Ausführung ab und heftet sie periodisch zusammen, wodurch man gleichzeitig ein Börsenjournal erhält.

Ähnlich wie die Effekten-An- und Verkäufe erfolgt die Regelung der Bezugsrechte. Von der Depotstelle werden Benachrichtigungen an die Kundschaft gesandt, wovon ein Durchschlag zur Vormerkung dient. Bei An- und Verkauf von Bezugsrechten wiederholen sich die obigen Organisationsmöglichkeiten.

b) Die Effektenrechnereistelle.

Die Entstehung und Anfertigung der Unterlagen für die Abrechnungen und die Art der verwandten Maschinen und der Buchungsabwicklung entspricht dem Vorgange in der Devisenrechnereistelle.

Volksbank Köln Köln, den .... 192 **WT**

Zurückkommend auf unsere frühere Termin-Abrechnung lassen wir Ihnen
die nunmehr fällig werdenden

Buch-Nr.	Ihnen s. Z. überlassenen	Wert	vergüten durch	An Firma	wogegen Sie uns die s. Z. von Ihnen übernommenen	anschaffen wollen bei	Wert
						und **belasten** Sie dagegen mit auf	

Wir erkennen Sie daher mit
auf ....

Hochachtungsvoll
Volksbank Köln

Die Vergütg. erf. vorbeh. des rechtz. Eingangs des uns gutkomm. Gegenwertes bei der von uns aufgeg. Stelle

Formular 49.

Köln, den .... **Volksbank Köln**

Avis

Die nachgenannte Firma wird Ihnen den beigesetzten Betrag für
unsere Rechnung vergüten, worüber wir Aufgabe erwartend bleiben

Firma	zu vergüten der Betrag	An Firma	Wert

Hochachtungsvoll
Volksbank Köln

Formular 50.

Volksbank Köln Köln, den 192

Betr.: Termin-Rückbuchung

Buch-Nr.	Betrag	Wert	zu erkennen ist	im Auftrage und für Rechnung von
geb. Fol.	für Zahlung Verg.		an	Zwei Unterschriften:

Beleg nicht absenden.

Formulare für Termin-Rückbuchungen.

Formular 48. Buchungsaufgabe.
Formular 49. Avis an Nostrobank.
Formular 50. Interner Beleg.

Im Durchschreibeverfahren können unter Berücksichtigung der obigen Ausführungen über Depot- und Börsenjournal bei gleichzeitiger Verrechnung der Einzelposten folgende Unterlagen gewonnen werden (s. Formular 51—54):

1. die Anzeige an den Kunden,
2. ein Durchschlag für die Steuerbehörde,
3. der Beleg für die Kontokorrentstaffel,
4. ein Durchschlag für das Skontro, falls dieses nicht auf Karten mitgeführt wird,
5. ein Kontrollzettel für die Effektenkasse,
6. das Börsenjournal,
7. die Effektenprimanota,
8. die Depotprimanota,
9. evtl. das Kontokorrent.

Die Aufeinanderfolge der Formulare erfolgt wieder schuppenförmig. Benötigt werden für die Erfassung der Buchungsgänge folgende Spalten:

1. Lagerstelle oder Eigentümer,
2. Nummer des Abschlusses,
3. Abschlußtag,
4. Buchungsdatum,
5. Nominalbetrag,
6. Effekt,
7. Name des Kontoinhabers,
8. Depotvermerk (Depot A oder B)
9. Tagesnummer,
10. Zinstermin bzw. nächstfälliger Kupon,
11. Kontonummer,
12. Kurs,
13. Kurswert und Zinsen,
14. Finanzamt Stempelkonto,
15. Zusatzstempel,
16. Courtage und Provision,
17. Versand- u. Depotspesen,
18. Kontokorrentbetrag,
19. Wert.

Diese Spalten verteilen sich auf die einzelnen Formulare wie folgt (vgl. Formular 51—54):

die Kundenanzeige und der Durchschlag für die Steuerbehörde je Spalte 4—19,

der Beleg für die Kontokorrentstaffel Spalte 7—19,

der Skontrenbeleg bzw. das Skontrenblatt Spalte 4—13,

der Kontrollzettel für die Effektenkasse, das Börsenjournal Spalte 1—10,

sachliche und persönliche Depotprimanota je Spalte 1—11,

das Kontokorrent die Spalten 4—6, 18—19.

Eine andere Formularauffassung behandelt die Depotprimanota ähnlich wie das Scheckkopierbuch, indem hier die Lagerstelle, Nummern der Effekten, Foliospalten für das persönliche und sachliche Depotbuch handschriftlich eingesetzt werden. Die Vorderseite der Spalten für Handbeschriftung bleibt von der Karbonisierung natürlich frei. Das Effektenskontro wird entweder in einfacher Slipform geführt und muß dann nochmals übertragen werden, oder in Loseblattform. In diesem Falle erhält jedes Effekt ein Blatt, Reibungen zwischen den einzelnen Buchungsstellen können durch Vorordnung der Belege nach Effektengattungen auf ein Minimum beschränkt werden.

c) Die Effektenkasse.

Ihre Funktionen wurden bereits mehrfach gestreift. Sie übernimmt die Verbindung zwischen Tresorbuchhaltung und Kundschaft und überwacht selbst oder über die Effektenkontrolle die Bewegungen der Stücke. In Fällen, wo sie ihre eigene Primanota führt, kann sie im Durchschreibeverfahren auf Schreibmaschinen erledigen:

1. die Quittungen für den Einreicher bzw. Tresor,
2. die Unterlagen für die Depotbuchhaltung,
3. Nummernverzeichnisse für den Tresor,
4. die eigene Primanota bzw. sonstige Unterlagen.

d) Die Depotbuchhaltung.

Die Anwendung maschineller Hilfsmittel für die Übertragung stößt infolge der verschiedenen Salden für das sachliche und persönliche Depot auf größte Schwierigkeiten. Möglich wäre eine Atomisierung des Depots durch das Hollerith-Verfahren ähnlich dem Vorgange beim Kontokorrent. Bei den geringen Effektenumsätzen in Deutschland lohnt sich diese Buchungsart jedoch kaum. Bis heute bedient man sich nur des Loseblattsystems in seinen verschiedenen Formen. Je nach dem schon vorher angedeuteten Aufbau der vorgelagerten Abteilungen wird sie in die Lieferkontrolle mit einbezogen oder nicht. Schwarzer[1] versucht das erstere und gelangt aus Kontrollgründen zu Vor- und Nachbuchungen, jene werden auf Grund von Anweisungen der Börsenstelle, diese nach den Lieferzetteln vorgenommen zur Vervollständigung der ersteren. Zweckmäßig ist diese Anordnung jedoch nicht, da hier wieder die Gefahr der Vermischung von anordnender und mechanisch verbuchender Arbeit vorliegt, so daß besser eine besondere Kontrollstelle in der Börsenkorrespondenz eingerichtet wird.

Mechanisch vornehmen läßt sich die Depotkontrolle durch Anfertigung von Lochkarten für jeden einzelnen Geschäftsvorfall. Dieses Verfahren leidet vorläufig noch stark unter dem Mangel einer für das ganze Reich einheitlichen Numerierung der Effekten-

---

[1] A. a. O. S. 37 ff.

Formular 51.

Depot-Ausgangs-Primanota.

Lager-stelle	Gesch.-Nr.	Schluß vom	Nom. Betr.	Effekt aus Depot vom	+Cp. per		Saldo	Nostro Verm.	Tote Dep. Folio	Leb. Dep. Folio	

Formular 52.

Eingangs-Primanota [Eff.-Kto.]

Lager-stelle	Gesch.-Nr.	Schluß vom	Dat.	Nom. Betr.	Name und Effekt.	Dep.-Verm.	Tages-Nr.	+Cp. per	Effekt. Risc.-Fol.	Kurs	Per Eff.-Kto.	An Fin.-Amt Kto.-Eff.	An St.-Kto	An Prov. Kto.	An Pto.-Kto.	An Kto.-Korr.-Kto.	Wert	Kto.-Korr. Folio

An

Lager-stelle	Gesch.-Nr.	Schluß vom	Köln, den	Nom. Betr.	A/B	Tages-Nr.	Zins-termin	Kto.-Nr.	Kurs	Kurs-wert u. Zs.	Fin.-Amt. St.	Zus.-St.	Court. und Prov.	Spesen	R.-M.	Wert

Interne Anzeige.

Formular 54.

An **Depot-Buchhaltung**

Wir erkennen auf Stücke-Konto aus Kauf

Lager-stelle	Gesch.-Nr.	Scht. vom	Dat.	Nom. Betr.	A/B	Tages-Nr.	Zins-termin	Kto.-Nr.

geb. Fol. ....

Der Kontrolleur

Formulare 51—54:

Formulare für die Effektenabteilung.

(Vgl. Formulare 34—36; auch hier werden einige Spalten mit der Hand ausgefüllt.)

gattungen, so daß vorläufig ein die Gesamtheit der Banken angehendes Organisationsproblem wieder auf den einzelnen abgewälzt wird. Das Schema einer für die Kontrollzwecke in der Depotabteilung benötigten Lochkarte ist auf S. 44 gekennzeichnet. Neben genauen Bestandslisten für das sachliche und persönliche Depotkontokorrent, Kontrollisten über die eigenen Bestände, die bei den anderen Lagerstellen und den Tresorbestand können dann auch dem Kunden Depotauszüge geliefert werden, die statt nur über die Bestände auch über die Bewegungen auf seinem Konto Aufschluß geben. Ferner sind Kontrollen für die Kuponbearbeitung möglich.

Die Praxis sieht jedoch vorläufig in der Maschinenverwendung für die Depotabteilung wenig Vorteile. Man bedient sich dagegen viel des Visiblex-Systems sowohl für das sachliche als auch für das persönliche Depotbuch unter Benutzung von schmalen Karten für jeden Kunden und jede Effektengattung. Hierdurch wird eine genaue Übersicht auch über die Unterkonten (d. h. im persönlichen Depot der Effektenarten, im sachlichen der Kunden) möglich, da diese stets in alphabetischer Reihenfolge geordnet sind. Dazu wird es vermieden, ausgeglichene Posten dauernd mit durchschleppen zu müssen, was vor allem beim sachlichen Depot von Wert ist.

e) Die Tresorverwaltung und Kuponbearbeitung.

Für den Tresor ergeben sich die Bestandskontrollen wie früher aus dem sachlichen Depot, die Nummernverzeichnisse können von der Effektenkasse im Durchschreibeverfahren angefertigt werden, bzw. sie werden vom Einlieferer mitgesandt. Bei Verwendung der mechanischen Hilfsmittel ist durch sie eine Bestandskontrolle möglich.

Eine in dieser Abteilung mit zu erledigende Arbeit ist die Trennung der Zins- und Dividendenkupons, die entweder von der Kuponkasse auf Grund von Börsennotizen angefordert oder vom Tresor aus selbst vorgenommen wird. Die Korrespondenz übernimmt im allgemeinen die Kuponstelle selbst. Im Durchschreibeverfahren werden die Gutschriftsaufgaben (s. Formular 55—56) nebst den internen Belegen angefertigt. Zur Kontrolle der Vollständigkeit wird von der Tresorabteilung der Weg über die sachliche, von der Kuponabteilung der über die persönliche Depotbuchhaltung gewählt. Der Arbeitsgang wird bei Benutzung der Ellis oder der mechanischen Hilfsmitteln wesentlich vereinfacht. Bei restloser Durchnumerierung der Effektenarten wäre nach vorheriger Adressierung der Belege auf der Adrema möglich, Aufgabe und Kontrolle zu-

Per Zinsschein-Zwischen-Konto
Konto auswärts getrennte Kupons

Kupons-Primanota vom 192

Alter Saldo	Buchungstext	Kunden-Nr.	Beleg-Nr.	Wert		Haben	Neuer Saldo	Konto-Inhaber	Zinsertrag ohne Abzug	Getrennt am

Volksbank Köln   Köln, den 192

Für getrennte Kupons abz.: 10% Kap.-Ertr.-Steuer

erkennen wir die u. ü. V. wie folgt:

Alter Saldo	Buchungstext	Kunden-Nr.	Beleg-Nr.	Wert	Einreicher	Haben	Neuer Saldo	Konto-Inhaber	Zinsertrag ohne Abzug	Getrennt am
	% per v. M.									
	% per v. M.									
	% per v. M.									
	% per v. M.									
	% per v. M.									

gleich auf der Großaddiermaschine oder Registrierkasse vorzunehmen. Die an sich denkbare Erledigung des Kuponausgangs im ersten Arbeitsgange wird sich wegen der verschiedenen Stückelung der Papiere im allgemeinen nicht empfehlen und am besten nach besonderer Sortierung der Einzelkupons in einem neuen Arbeitsgange vorgenommen.

B. Die Abteilungen der inneren Verrechnung.

Durch die Bearbeitung der Kontokorrente und der Skontren im laufenden Verkehr sind im wesentlichen von den früher einen breiteren Raum einnehmenden internen Verrechnungsstellen nur der Kontokorrentabschluß und die Bilanzabteilung übriggeblieben. Aber auch deren Arbeiten werden im laufenden Verkehr weitgehend vorbereitet.

1. Das Kontokorrent.

Die Art der laufenden Erledigung der Kontokorrentübertragung kam bereits unter III B zur Darstellung und wurde dann im weiteren mehrmalig gestreift. Zur Zusammenfassung sei wiederholt: Die Übertragung erfolgt gleichzeitig mit der Grundbuchung oder getrennt von dieser in einem besonderen Arbeitsgang. Bei Verwendung der mechanisch arbeitenden Maschinensysteme Hollerith und Power wird das zusammenhängende Einzelkonto in eine Reihe von Tagesblättern zerlegt, in manchen Betrieben außerhalb der laufenden Arbeit periodisch nachgebucht. Die Kontrolle der kontenmäßigen Richtigkeit geht auf den früheren Korrespondenzkontrolleur über, die umsatzmäßige Richtigkeit ergibt sich beim eingängigen Verfahren unter Verwendung von Spezialprimanoten aus der nach Kontengruppen journalisierten Kontokorrentspalte der an sich sachlichen Primanota, bei Verwendung von Sachkontenblättern aus der Gegenüberstellung der Kontokorrentkontrollbogen mit den Sachkonten. Beim zweigängigen Buchungssystem folgt die umsatzmäßige Richtigkeit aus der Übereinstimmung der Endsummen der nach Kontengruppen spezialisierten Kontokorrentkontrollbogen des zweiten Arbeitsganges mit der Kontokorrentspalte der nach sachlichen Gesichtspunkten aufgezogenen Spezialprimanota der Verkehrsabteilungen. Die Anfertigung der Kontokorrentstaffel bzw. die Errechnung der Zinsen ist in verschiedenen Formen möglich:

1. in Form des Saldenkontokorrents (vgl. Formular 4). Als Unterlage dienen Durchschläge der Anzeigen, die nach dem Verfalltage geordnet werden. Zur Anwendung gelangen Großaddiermaschinen, die rechnenden Schreibmaschinen, die Ellis und die Moon-Hopkins. Die Addition des Saldos jedes einzelnen Tages

unter Ausschluß der Ultimoposten ergibt nach Wegstreichen der beiden letzten Markstellen den ersten Teil der Zinsformel Kapital $\times$ Tage. Die Errechnung der Zinsen erfolgt vermittels Kleinrechenmaschinen oder durch Tabellen. Die Moon Hopkins ermöglicht als einzige Maschine die restlose Fertigstellung der Staffel;

2. nach der retograden oder progressiven Methode auf der Moon Hopkins, wozu diese ihre Vierspeziesrechenvorrichtung instand setzt (s. Formular 11);

3. nach der Power-Methode. Die Lochkarten werden nach Verfalltagen sortiert, die Einzelposten und die Summen der Salden und die der Umsatzzahlen niedergeschrieben und rechnerisch verarbeitet. Der weitere Vorgang entspricht dem Verfahren von 1.

Sollte während der Periode der Zinsfuß gewechselt haben, so müssen jeweils die entsprechenden Zwischenadditionen vorgenommen werden. Die Zinsenberechnung erfolgt in der Staffelabteilung auf einer besonderen Nota, die auch mit der Staffel fest verbunden sein kann (s. Formular 11). Die Verbuchung kann außerhalb des laufenden Verkehrs vorgenommen werden, da für jede Periode neue Kartenblätter benutzt werden.

2. Die Bilanzabteilung.

Eine Vereinfachung bringt das maschinelle Verfahren durch die täglichen Rohbilanzen, die unbedingt am Schluß des Buchungstages fertig vorliegen müssen, bei Betrieben, die das Lochkartenverfahren verwenden, jedoch gewöhnlich außerhalb des laufenden Verkehrs an dem der Grundbuchung folgenden Morgen vorgenommen werden. Das neue Verfahren entspricht der Beitragung des Sammelbuches von früher. Unterschiede ergeben sich nur insofern, als bei dem früheren Verfahren die Einzelposten aus den Primanoten mit oft tagelanger Verspätung eingetragen und bei den anschließenden Kontrollen der umsatzmäßigen Richtigkeit auf diese Zahlen zurückgegriffen wurde, was heute wegfällt, da keine Zahl im Sammeljournal erscheint, ehe die Abstimmung sämtlicher lebenden und toten Konten vorliegt. Bei den ohne mechanische Hilfsmittel arbeitenden Organisationstypen erfolgt zu diesem Zwecke handschriftliche oder maschinelle Skontrierung der Einzelkonten jedes einzelnen Primanotenbogens auf den Kontokorrent- bzw. Skontrenabstimmungslisten, sodann werden nach sämtlichen Bogen tägliche Abteilungsbilanzen auf sogenannten Gesamtlisten (s. Formular 57) angefertigt, die erst die genaue Spezialisation der Maschinenprimanoten enthalten. Da diese Aufstellungen nur eine Soll- und Habenspalte und die Konten in senkrechter Anordnung aufweisen, genügt für die Bewältigung dieser Arbeit bereits eine Großaddiermaschine. Um an etwaige Fehler, die sich in der Bilanzierung des Einzel- und der Gesamtbogen äußern, besser herankommen zu können, empfiehlt sich der Abschluß jedes einzelnen Primanotenbogens unter Entleerung der Zählwerke. Bei diesem Verfahren kann laufend ein Beamter mit der Bilanzierung beschäftigt werden. Verhältnismäßig einfach ist die Bilanzanfertigung beim Hollerith- und Power-Verfahren. Schwierigkeiten ergeben sich bei Verwendung verschiedener Einteilungen der Lochkarten, wie für die Wechsel- und Effektenabteilung, falls das Skontro maschinell gebucht wird. Die Hollerith-Tabelliermaschine kann hier bequemer umgestellt werden als die gleiche Maschine nach Power, bei der für jedes Kartensystem ein besonderer Verbindungskasten notwendig wird. Für die Aufstellung periodischer Bilanzen ergeben sich ähnliche Gesichtspunkte. Die dauernde Tagfertigkeit des maschinellen Buchungsvorganges verhütet hier jedoch die früher oft unerträgliche Belastung der Beamtenschaft.

C. Die Stellung der Revisions- und Kontrollabteilungen.

Das für die maschinelle Organisation anzuerstrebende Ziel, die Detektiv- durch Präventivkontrollen zu ersetzen, ist, wie schon die bisherigen Ausführungen zeigten, erreicht, soweit es überhaupt zu erreichen ist. Im Gegensatz zu früher kommt man heute im allgemeinen mit einer zentralisierteu Revisionsabteilung aus. Die folgende Darstellung knüpft an die Auffassung der manuellen Betriebsweise an, zeigt somit am deutlichsten den Fortschritt.

1. Kontrollen der umsatzmäßigen Richtigkeit.

Da bei Anwendung der Maschinen einer konstanteren Arbeitskraft als dem Menschen die umsatzmäßige Verrechnung übertragen wird, kommen hier alle Fehler in Wegfall, die sich aus körperlichen Mängeln des Personals bisher ergeben konnten. Die Arbeiten der früheren Abstimmungsgruppen, die hinter jede Übertragungsstelle eingeschaltet waren, um die umsatzmäßige Übereinstimmung der einzelnen Hauptbuchkonten und Nebenbücher zu sichern, werden damit großenteils überflüssig. Ihre Arbeiten gehen auf die Tagesbilanzstellen über.

2. Kontrollen der kontenmäßigen Richtigkeit.

Den breitesten Raum nahm früher die Briefrevision ein, die letztmalig Kontokorrentübertragung mit den Buchungsunterlagen verglich. Die Arbeiten waren durchweg 4 Tage hinter dem laufenden Betrieb zurück. Durch die Neuordnung fällt beim eingängigen Verfahren die Briefrevision mit der Korrespondenzkontrolle, beim zweigängigen mit den Arbeiten des Disponenten zusammen.

Formular 57. Gesamtliste für den Kasseneingang + Schlußabstimmung.

EINGANG	Zusammenstellung zur Prima-Nota vom .... 192......						E Kasse D	
Fol.		Per Kassa-Konto	An Konto-Korrent-Konto	Pa.-Nota-Folio	Per	Journ.-Folio	Pa.-Nota-Folio	An	Journ.-Folio
	Banken Filialen Depos.-Kassen Kunden A—H „ J—Q „ R—Z Hilfs-Konten Tote Konten			Kassa-Kto. K.-Korr.-Kto. Kupons-Kto. Prov.-Kto. Dep.-Geb.-Kto. Rbk.-Giro-Kto. Devisen-Kto. Sorten-Kto. Devis.-Steuer-Kto. Rückwechsel-Kto. Abrechnungsstelle					

Fol.	An Wechsel-Konto						
	Nominal	Mk.					
	£ Gulden Dollar öst. Schilling belg. Frs. franz. Frs. schw. Frs. Lire						

Abstimmung

	Per		An	
Kassa-Konto Markwechsel-Kto. Bestand morgens „ abends				

Einige Systeme der zweigängigen Verrechnung haben sie im beschränkten Umfange beibehalten, indem sie an dem der Buchung folgenden Tage die Kontrollbogen der beiden Arbeitsgänge vergleichen lassen. Dabei wird aber nicht die viele Zeit kostende Kontrolle jedes einzelnen Beleges notwendig, wobei allerdings Voraussetzung ist, daß in den Verkehrsabteilungen genügend Übersicht über die ordnungsgemäße Behandlung jedes einzelnen Originalbeleges herrscht.

Beibehalten, aber in ihrem Wirkungskreis stark eingeschränkt werden die Kontokorrentreklamationsstelle und die Revisionsstelle für die Nostroauszüge. Das System der täglichen Kontoauszüge, die am zweckmäßigsten von diesen Stellen aufbewahrt werden, verkürzt naturgemäß die zu überwachende Buchungszeit sehr. Die maschinelle Anfertigung der Kontokorrentstaffeln vereinfacht weiterhin die Nachkontrolle über die Richtigkeit der in Rechnung gestellten Gefälle. Notwendige Umbuchungen werden wie früher außerhalb des laufenden Betriebs vorbereitet und dann direkt an die Maschinenabteilung gegeben. Die Hauptschwierigkeiten, denen diese Stellen früher begegneten, wie die Feststellung der transitorischen und der in einem Betrage verbuchten Gesamtposten, ferner die Klärung der bereits längere Zeit zurückliegenden Geschäfte sind fast völlig behoben. Diese Arbeiten sind bei dem neuen Verfahren spätestens 5 Tage nach der Grundbuchung erledigt. Die Revision der toten Konten kommt, soweit sie maschinell geführt werden, fast völlig in Wegfall und beschränkt sich auf die Richtigkeit der Umsatzzahlen. Damit ist auch die frühere umständliche Gegenüberstellung z. B. des Devisenmarkskontros mit der Händlerstaffel, des Devisenwährungsskontros mit dem Währungshauptbuch, des Effektenskontros mit dem Ausführungsbuch, zu einer rationellen Lösung geführt.

Die Kontrollen für das Depot sind bereits besprochen.

Im alten Umfange bestehen bleibt natürlich die früher schon durch Oberbeamte ausgeführte Kontrolle der Geschäfte. Aber auch sie wird durch die maschinell hergestellten Unterlagen und die bequem anzufertigenden Übersichten sehr erleichtert.

D. Kritik zur Mechanisierung der einzelnen Abteilungen.

Es ist unverkennbar, daß in der verhältnismäßig kurzen Zeit seit der endgültigen Einführung der Maschinen in den deutschen Bankbetrieben Großes geleistet wurde. Heute gilt es nun noch, diese Erfolge weiter abzurunden. Notwendig wäre eine der amerikanischen Durchnumerierung der einzelnen Bankinstitute entsprechende genaue, generelle Kennzeichnung der Einzelbetriebe, wodurch sämtlichen Betrieben viele Arbeit gespart und erhöhte Schnelligkeit in der Abwicklung gesichert würde. Anregungen hierzu bieten die Aufsätze von Erwin, Schönwandt, Gillmann und Dalichau in der Augustnummer 1925 des „Geschäfts" genug. Daraus ergeben sich auch weitgehende Formularvereinfachungen, ein Ziel, zu dessen Erreichung in einigen Ländern sogenannte Normenausschüsse gebildet wurden, die als gemeinnützige oder als erwerbswirtschaftliche Berater wesentlich zum Ausbau der Mechanisierung beigetragen haben. In Deutschland dagegen arbeitete jeder Betrieb bisher völlig für sich, ohne seine Erfahrungen der Gesamtheit zur Verfügung zu stellen, da man glaubte, darauf angewiesen zu sein, auch die Überlegenheit der eigenen Innenorganisation mit im Konkurrenzkampf ausspielen zu müssen, was der Gesamtwirtschaft allerdings bisher mehr Geld gekostet hat, als es dem einzelnen einbrachte. In etwa werden Normalisierungen von den Maschinenvertretern (so von der Union-Zeiß, Frankfurt a. M., als Verkaufsstelle der Elliott-Fisher-Maschine) angestrebt, jedoch sind diese Kräfte nicht umfassend genug, um zu dem Erfolge führen zu können. Unbedingt notwendig wird auch eine Anpassung der Reichsbank und des Postscheckamtes an die Formulartechnik der privaten Betriebe. Man sieht: Arbeit für die nächste Zeit ist also noch genug vorhanden!

V. Schluß: Ausblicke.

Das bis heute Erreichte gewährt Ausblicke auf die künftige Gestaltung der Hauptzweige des banklichen Arbeitssystems. Die Einwirkungen der maschinellen Hilfsmittel ergeben eine grundsätzliche Neueinstellung zu den Fragen des Wertes der Bilanzzahlen und der Errechnung des Entgeltes für Bankleistungen, weiterhin erstehen Vorteile hinsichtlich der Kosten der neuen Betriebsform, während das Problem Maschinen und Beamtenschaft keine eindeutige Lösung gefunden zu haben scheint.

A. Bilanz und Kalkulation.

Die schon mehrfach erwähnte Tagfertigkeit (Schigut) der neuen Betriebsform erleichtert naturgemäß die Aufstellung von Zwischenabschlüssen. Diese werden im allgemeinen monatlich vorgenommen. Konzernbanken bereiten sie derart vor, daß am Ersten des neuen Monats die Filialbestände per Ultimo, bis zum 6. die Bilanzen und Gewinnschätzungen der Filialen und die der Zentralstelle, 2 Tage später die Konzernbilanz und Gewinnrechnung vorliegen müssen. Die Filialbilanzen können durch die früher vorzunehmende Bestandsaufnahme ziemlich restlos von der Zentrale aus kontrolliert werden. Die Bilanzanfertigung selbst erfolgt nach ausgesprochen wissenschaftlichen Grundsätzen hinsichtlich der geschaffenen Vergleichsmöglichkeiten für die Gewinnzahlen, deren Kontinuierlichkeit, der Technik der Rückstellungen usw. Aufgehört hat vor allem das bisher seitens der Filialleiter gerne gepflogene Verfahren, am Jahresultimo die Zentraldirektion mit höheren Gewinnzahlen zu überraschen, als die Summe der Monatsergebnisse betrug.

Kontrolliert wird der Istgewinn durch die Sollzahlen des Bankstatus, so daß die heutigen Bankleiter einen restlosen Überblick über ihre Betriebsgebarung haben.

Weitere Vorteile ergeben sich aus der Möglichkeit der Errechnung des Entgeltes für die Bankleistungen. Den theoretischen Unterbau für dieses Verfahren lieferte Dr. Hasenack (vgl. Heft 5 dieser Abhandlungen). Diese die Maschinenverwendung an sich nicht unbedingt voraussetzenden Darlegungen können durch die vereinfachten Betriebsmethoden der Maschinenbetriebe weit leichter in die Wirklichkeit umgesetzt werden als beim manuellen Verfahren. Gleichwohl sind die Schwierigkeiten der Kostenaufteilung bei den heutigen statistischen Gegebenheiten noch groß, die Voraussetzung ist eine genaue Kenntnis der Kosten des neuen Verfahrens, die heute noch nicht restlos errechnet sind.

B. Betrieb und Kosten.

Unumgängliche Vorbedingung für die Maschineneinführung mußte sein, daß die erzielten Ersparnisse zum mindesten die notwendigen Abschreibungen deckten. In diesem Falle hätten sich die Maschinen wegen der verbesserten Organisationsform anzuschaffen gelohnt. Bei Einführung der Maschinen gingen die Banken, vertrauend auf die günstigen Erfahrungen des Auslandes, rein apriorisch vor, im allgemeinen ohne genaue Voranschläge zu machen. Genaue Zahlen der ersparten Beträge sind naturgemäß auch heute noch keine zu erhalten; von berufener Seite werden sie auf 40—70% geschätzt. So schreibt Sölter[1]), daß die in seinem Betriebe verwandten beiden Elliott-Fisher-Maschinen einschließlich allem Beiwerk bereits nach Jahresfrist „kostenlose Mitarbeiter" geworden seien, da sie ihm „nachweislich eine Personalersparnis von neun Köpfen" erzielten. Schigut[2]) stellt, allerdings für Warenbetriebe, die man aber Bankbetrieben durchaus gleichsetzen kann[3]), für 330 Belege, die zusammen nach seiner Buchungsart, die sich wenig von dem von mir dargestellten ein- und zweigängigen Verfahren unterscheidet,

---

[1]) A. a. O. S. 2.   [2]) A. a. O. S. 36.   [3]) So auch Obst: a. a. O. S. 305 ff.

ca. 480 Buchungen bedingen, 4 Angestellte in Rechnung, bei der doppelten Postenzahl deren 7, was also bei steigender Zahl der Arbeitseinheiten eine überproportionale Verringerung der Beamtenzahl durch bessere Ausnutzung der Abteilungsleiter und Kontrolleure bedeuten würde. Für das manuelle Verfahren wären 9 bzw. 15 Personen benötigt worden. An einer anderen Stelle wurden die Leistungen eines Hollerithmaschinensatzes im Verhältnis zur handschriftlichen Arbeit im Verhältnis wie 8 : 1 bewertet. Im einzelnen setzen sich die Ersparnisse aus folgenden Einzelkomponenten zusammen:

1. Personalersparnisse. Eingespart werden ca. 60% der bisher benötigten Beamten und zwar im allgemeinen die teuersten. Ein Großteil der verbleibenden Angestellten kann durch billigere Hilfskräfte ersetzt werden, die im Gegensatz zu den bisherigen, gelernten Beamten nur angelernt sind.

2. Materialersparnisse. Tomanetz[1]) nimmt allerdings an, daß diese durch Papiermehrverbrauch wieder verschlungen würden, woran ich persönlich nicht glaube. Zu bedenken ist, daß, wie bei der Maschinenverwendung überhaupt, auch hier Dauerausgaben durch einmalige, vielleicht etwas höhere abgelöst werden, so auch bei den lange Zeit haltenden Einbänden für Loseblattbücher. Die wesentlich vereinfachte Skontrenführung und das im Verhältnis zum amerikanischen Tabellenjournal gewiß nicht teurere Slipsystem scheinen nicht ohne weiteres gegen Materialersparnisse zu sprechen.

3. Raumersparnisse, die allerdings nicht sehr bedeutend sind, bei dem heutigen Raummangel jedoch immerhin ins Gewicht fallen.

Indirekte Ersparnisse ergeben sich aus der Zwangsläufigkeit der Geschäftsabwicklung, die unnötige Rückfragen usw. überflüssig macht, und solche aus der besseren Ausnützung der buchhalterischen Ergebnisse für den Betrieb (s. o.).

Nicht zu übersehen sind diesen Ersparnissen gegenüber die einmaligen Anschaffungskosten für die Maschinen. Daß sich diese einmaligen Ausgaben rentieren, zeigen die Angaben von Sölter und Schigut. Mitbestimmend für die Anschaffung dürfte auch die lange Lebensdauer der Maschinen sein; so hörte ich, daß die Großaddiermaschinen eines Postscheckamtes noch nach 10 Jahren funktionierten wie im ersten (s. auch S. 48). Der an sich hohe Preis der Power-Maschine kann durch die Verwendung des nur mietweise zu erhaltenden Hollerith-Systems umgangen werden[2]). Dieses verlangt an Miete und Anschaffungsbeiträgen je Maschinensatz ca. 2000 M. monatlich, denen bei Power eine einmalige Ausgabe von ca. 38 000 M.

---

[1]) A. a. O. S. 46.
[2]) Neuerdings ist auch das Powersystem mietweise zu erhalten.

gegenübersteht. Eine unangenehme Belastung vermögen die Maschinen allerdings in Zeiten eines flauen Geschäftsganges zu werden, jedoch kann sich in den nächsten Jahren hier nur eine Besserung, damit vielleicht ein noch günstigerer Aufwandskoeffizient ergeben. Alles in allem kann man dem heutigen deutschen Bankbetriebe nicht mehr den Vorwurf machen, daß seine Innenorganisation teurer arbeitet als die des ihm als Vorbild gegenübergestellten amerikanischen. Es ist in den Vereinigten Staaten bei dem dortigen hohen Lebenshaltungsindex viel leichter, durch Maschinen 60% Unkosten zu sparen als bei dem niedrigen in Deutschland, wo die Maschinen dazu noch durch den Einfuhrzoll belastet sind. Eine andere Frage ist die nach der Höhe der Bankspesen, die aber vielleicht von Kapitalneubildungsbestrebungen diktiert, wenn auch damit nicht gerechtfertigt sind.

C. Maschinen und Beamtenschaft.

Hier ergibt sich infolge der völlig in Wegfall gekommenen Nachfrage nach gelernten Bankbeamten ein weniger erfreuliches Bild. Der Markt ist für lange Jahre übersättigt. Im Gegensatz zu früher werden nach Prion: a. a. O. nur noch folgende Angestelltenkategorien fortan benötigt:

1. angelernte Hilfskräfte ohne banktechnische Vorbildung zur Bedienung der Maschinen,

2. gelernte Arbeitskräfte zur vorbereitenden Arbeit der Kontierung und Abrechnung in der früheren Anzahl,

3. qualifizierte Kräfte zur Kontrolle des Arbeitsvorganges in geringerer Anzahl als früher, aus der auch die Abteilungsleiter hervorgehen,

4. im allgemeinen akademische vorgebildete Bankorganisatoren (Bankingenieure), die den Betrieb in seinem vollen Umfange durchdenken und beherrschen.

Die sich aus diesem Umstand ergebende krisenhafte Lage des in Friedenszeiten hochgeachteten Standes der Bankbeamten bedarf vorläufig leider noch der Klärung.

Erschwerend für die in einigen Jahren wieder aufkommende Freizügigkeit wird auch die verschiedene Anwendung der Maschinen und deren Kombinationen untereinander wirken, die wohl nach außen eine gleichförmige Behandlung der Kundschaft gewährleisten, jedoch dem neu in einen Betrieb eintretenden Beamten die Einarbeitungszeit erschweren, da jede Maschine eine neue Einstellung zum Formular, zur Kontrolle des Buchungssatzes usw. erfordert. Die deutschen Betriebe werden auf die amerikanische Einrichtung des Educational director nicht verzichten können, der die Ausbildung der Beamten übernimmt und auch psychotechnische Studien macht.

Psychologisch finden die Maschinen und die mit ihnen verbundenen mechanisierten Arbeitsweisen in Deutschland Ablehnung, wo nur Anerkennung zu helfen vermag. Das Ziel der Mechanisierung kann im Interesse einer gesunden Betriebsentwicklung niemals sein, den Menschen zur Maschine hinabzudrücken, wie man es in Deutschland immer befürchtet. Nicht Zerstörung von Persönlichkeit und Geist, sondern die Schaffung einer neuen Initiative im Beamten durch Befreiung von den bisherigen mechanischen Geistesbetätigungen wird anerstrebt. Der Beamte muß wieder lernen mit dem ihm vorgesetzten Betriebsobjekt zu leben, wie der graue Buchhalter aus früherer Zeit in seinem kalligraphisch ausgemalten Hauptbuch es konnte.

Erst wenn das geschehen ist, werden die Maschinen zu dem geworden sein, was sie sein sollen, nämlich Mittel, um den mechanischen Teil der Arbeit in die einfachste Form zu bringen und dadurch eine Beamtenschaft und Betriebsleitung befriedigende Einstellung zur Arbeit zu schaffen.

Literaturverzeichnis.

Dalichau, Hans: Namenkontrolle bei Verwendung von lediglich Zahlen schreibenden Buchungsmaschinen „Das Geschäft" 1925, S. 206.
— — — Die Glocothek, „Das Geschäft" 9/25.
Diedrichs, Dr. J.: Die Verwendung maschineller Hilfsmittel im Bankbetrieb. Berlin 1923.
Egler, H.: Betriebstechnik der Girozentralen. „Plutusbriefe" Nr. 6/25.
Hesselmann, W.: Die maschinelle Bankbuchhaltung, ihre Idee und Organisation. München 1925.
Obst, Prof.: Bankbuchhaltung. Stuttgart 1925.
Prion, Prof.: Unkostenverringerung im Bankbetrieb. Köln. Ztg. Nr. 831/23.
Schigut, Prof. E.: Automatische Buchführung in Groß- und Mittelbetrieben. Wien 1925.
Schönwandt, Max: Die Buchhaltung in einem Arbeitsgange bei mittleren und kleinen Bankbetrieben. „Organisation" Nr. 1/25.
Schwarzer, W.: Organisation des Geschäftsbetriebes der Börsen- und Effektenabteilung. „Zahlungsverkehr" Nr. 2/24.
Sölter: Die Buchungsmaschine im Kleinbanken- und Sparkassenbetriebe. „Zahlungsverkehr" Nr. 4/25.
Thomanetz, Hans: Die Rationalisierung des Bankbetriebes. Wien 1925.
Thomas, H.: Die Art der Verwendung und die besondere Einstellung einer Registrier- und Buchungsmaschine für die Zwecke der Hauptkasse. „Zahlungsverkehr" Nr. 12/24.